JN098690

今日から
モノ知り
シリーズ

トコトンやさしい

射出成形の本

プラスチック製品の作り方はさまざまで、製品の形状、使用する材料などによって成形法を決めていきます。多く活用されているのが射出成形です。本書では、プラスチック成形を入り口として、射出成形について丁寧に解説します。

横田 明 著

B&Tブックス
日刊工業新聞社

はじめに

現在の世界では、いろいろな面で大きな変化が起きています。地球温暖化に伴う気候変動も日々実感することのひとつですが、産業面でも、現在は第四次産業革命時期ともいわれており、だんだんと次の産業革命までの間隔が短くなってきています。

日常の身のまわりの製品、例えば、電話を考えてみても、持ち運びできる携帯電話が世の中に出てきたのは30数年前で、それでも肩から大きな箱をぶら下げるようなものでした。それが、コンパクトなガラケーから、今ではスマートフォンの時代となり、テレビ、辞書、カメラ、パソコン付きの電話をポケットに持ち歩く時代となっています。今のZ世代の人たちには、これらが当たり前のようになっていますね。X世代、Y世代の人たちは、この急激な変化も身をもって感じることと思います。さらにＡＩ（人工知能）を活用する動きは、職業や仕事のやり方、倫理問題への影響も懸念されています。

話題は変わりますが、このような世界が大きく変化する時代では、技術系の出版された本もすぐに古くなってしまうものがほとんどではないでしょうか。しかし、プラスチック成形の分野を見ると、面白いことに、制御装置や駆動装置などは変化していますが、基本的な構造や成形の方法自体は昔から変わってはいないことに驚かされます。

さすがに、30年も前の書籍は古すぎるとしても、20年前のものは、今でも通用するものがあります。これは、今後は自動運転なども出てきそうですが、今のところ、運転自体は、時代が変わったいまでも同じようにできることに似ているともいえるかもしれません。

我が国では、油圧式の射出成形機が生産されなくなってから随分経ちますが、海外では、いまでも油圧式の成形機も結構使われています。これについても、時代や各国の事情などの背景を説明しながら紹介していきます。油圧式であれ電動式であれ、射出成形の基本的なことが理解できていれば、この変化の大きい時代でも、ある程度の時代の変化に応じた対応を加えれば、世界中どこでも、その技術は通用するのです。

本書は、周辺の知識も加えつつ、射出成形を中心に、図やイラストを使って、深堀りしながらもわかりやすく説明していきます。読者の皆さん、世界でも活躍できるような技術者を目指してください。

本書に関しては、日刊工業新聞社の土坂裕子氏に当初よりアドバイスを頂き、出版にこぎつけることができましたことを感謝いたします。

2023年7月

技術士・特級プラスチック成形技能士　横田 明

トコトンやさしい

射出成形の本

目次

目次 CONTENTS

第1章 いろいろなプラスチック製品と成形方法

第2章 プラスチックと人工高分子の関係とは?

第3章 射出成形の基礎

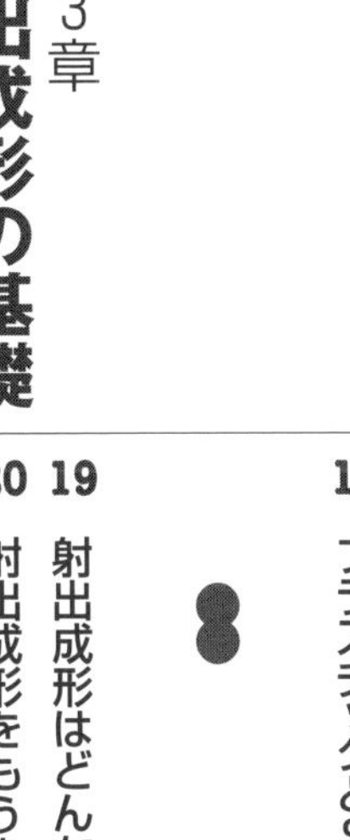

第4章 射出成形機を知る

第5章 射出成形機と金型

第6章 射出成形技術と生産改善

第7章 射出成形品の加飾

第8章 射出成形のいろいろ

第1章

いろいろなプラスチック製品と成形方法

1 身のまわりのプラスチック製品

射出成形品はどれだ？

プラスチック製品は、私たちの身のまわりにたくさんありますね。

まず、いろいろなプラスチックを探してみましょう。あらためて見ると、家庭内、あるいは家庭の外にもたくさんあることに気付かされることと思います。

家の外の雨どい、家の中ではテレビ、冷蔵庫、洗濯機の外側もプラスチックです。電気製品のほとんどの筐体（きょうたい）はプラスチックです。さらにこれらを開いてみたり、分解してみても、内部にはさまざまなプラスチックが使われています。電線もプラスチックで被覆され、コンセントもプラスチックです。文房具や子供のおもちゃ、台所ではお皿やコップもプラスチックのものがあるでしょう。トイレの蓋や、風呂場もユニットバスであれば、まわりも浴槽もプラスチックです。車に乗ってみるとバンパー、ヘッドランプ、ドアを開くとドアの内側や、ハンドルの付いたインパネ、エアコンの出口、コンソール、ライトなどもプラスチックでできています。

スーパーマーケットに行ってみると、環境対策で有料になったレジ袋がありますね。その他、買い物かご、卵のパック、弁当容器、飲料容器のPETボトルやお菓子ケースなどもあります。衣類やマスクなどにも使われています。

工事現場に立つ三角ポール、仮設トイレの外枠、道路に立っている電灯の外側に使われているものもあります。海に行くと小型のボートやサーフィンボードなどもプラスチックでしょう。

数えてみてもきりがないほど、プラスチックは使われています。射出成形の前に、これらのプラスチック製品の作られ方を見ていきましょう。ここでは、プラスチック「成形品」と「製品」は、ほぼ同義と考えてください。

要点BOX

- ●2020年7月にレジ袋は日本でも有料化
- ●マスクに使われる不織布はプラスチック
- ●家電や自動車にも多くのプラスチック部品

生活にあるプラスチック製品

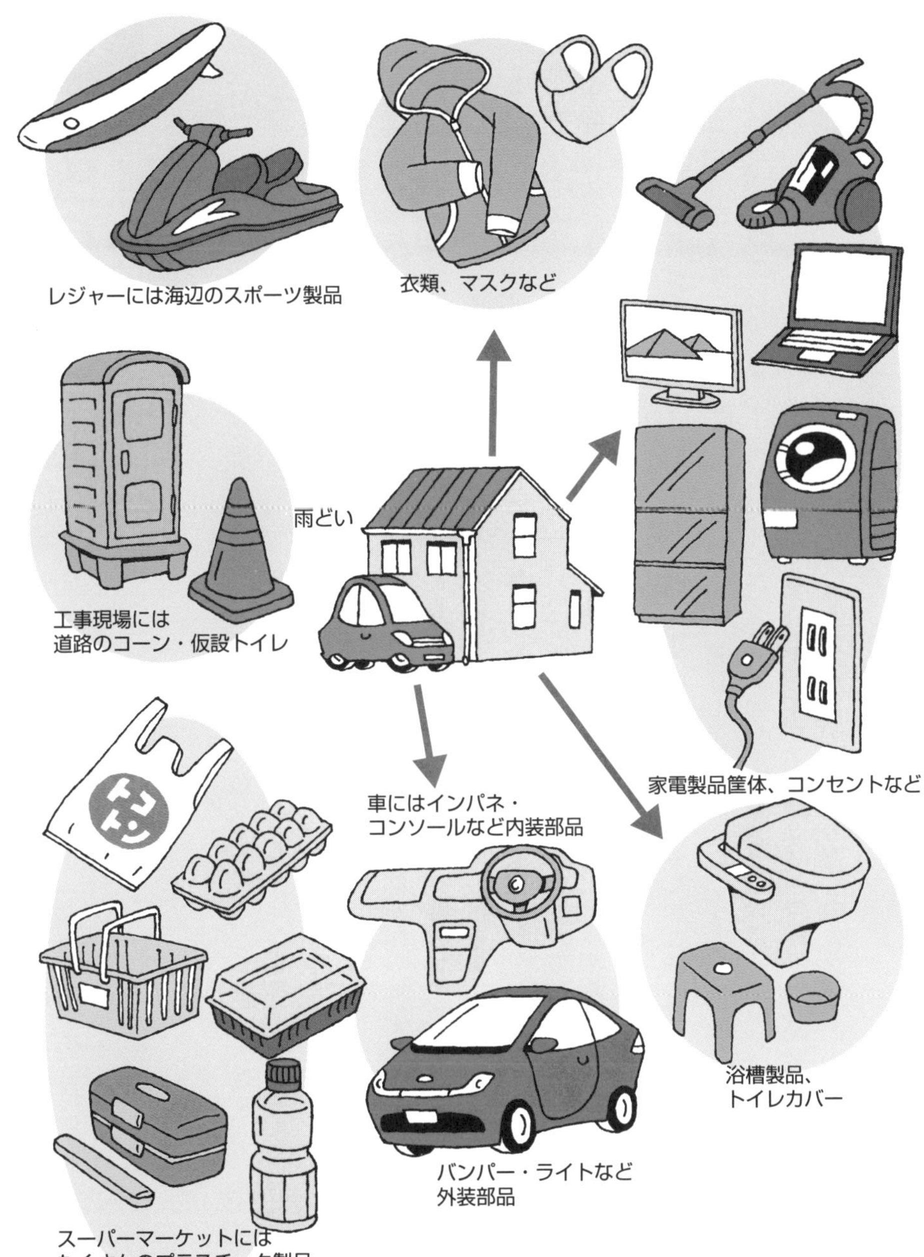

2 型の表面に付着させる

ここからはプラスチック製品の作り方にどのようなものがあるのかを説明していきます。概略、概念的になんとなくでいいので、どんなところに違いがあるのかを考えながら読んでください。この先、「プラスチック」と「樹脂」の違いを説明していきますが、まだここでは区別しないでおきます。

プラスチック成形の分類方法はいろいろあるのですが、まず型の表面にプラスチックを付着させて製品の形を作るものから見ていきましょう。

最初に、片側だけの型を使う成形方法です。ゴム手袋は、焼き鳥のたれを付けるように、型をプラスチックになる前の液体に漬けて、それを加熱して乾燥し、固めて作ります。たれに漬けるような方法なので、浸漬成形（ディップ成形）と呼ばれています。

次に海岸などにある小さなボートは、片側の型に壁塗りのように手でプラスチックの元をガラス繊維に塗っていくハンドレイアップという方法や、塗装のようにスプレーで吹き付けるスプレーアップという成形方法で作られます。内壁に貼りつかせるこれに似た他の方法として、熱した型を回転させて、プラスチックの粉を入れた箱から粉を落とし込み、熱い型の壁面に付着させ溶かして型を冷却します。そして、残りの粉を回収し、型に付着して冷えて固化した製品部を剥がして成形するパウダースラッシュという方法があります。これは自動車のインパネの表皮などの成形として使われます。

他に内壁に貼りつかせるこれと似た成形法としては、密閉して熱した型にプラスチックの粉を入れ、まんべんなく回転させ、内部で完全に溶かします。そして型を冷やして中空成形品を作る回転成形もあります。年末の福引のガラポンに似ていますね。

要点BOX
- ●プラスチック成形の分類方法はさまざま
- ●型の表面に付着させるプラスチック成形法
- ●液体や粉体材料を使う方法

さまざまな成形方法

浸漬成形

浸漬成形は焼き鳥のたれにつけるように、ゴム風船やゴム手袋を製造するよ

スプレーアップとハンドレイアップは壁塗りのようだ。この方法は少量生産向き。小型ボートやユニットバスにも向いているね

スプレーアップ

ハンドレイアップ

壁塗り

少量生産向き

パウダースラッシュ　粉末の一部を溶かす

回転成形　粉末を全部溶かす

回転式抽選

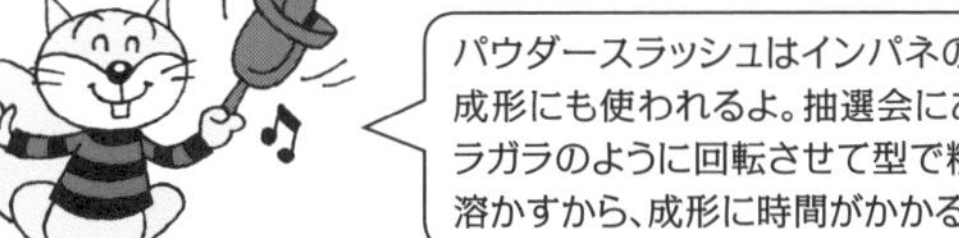

3 真空や圧空を使う

プラスチックの成形方法②

2項で説明した成形方法と同じように、型の表面に沿わせて形状を作る方法として、スーパーマーケットやコンビニエンスストアで見掛ける卵パックや弁当容器があります。デコボコした形状ですが、ほぼ均一な薄い厚さですね。

この作り方は、まずプラスチックのシートを加熱して少し柔らかくします。その後、形状を作る型に乗せ、型の方へ真空で引いて、型に密着させるのです。そして冷やして固めればできあがりです。前項のパウダースラッシュの粉は熱した型で材料を溶かしましたが、これはシート自体を熱して柔らかくしているので、冷やした型に沿わせて形を作ればいいのです。

型に密着させるために、シートを真空で型に吸い付けるので、真空成形と呼びます。真空の代わりに、逆方向から圧縮空気を送り込んでシートを型に押し付ける方法もあります。これは圧空成形と呼ばれます。逆方向から圧空を付与するためには空気が逃げないように上側をカバーすることが必要になり、真空の場合よりも強く型に押し付けることができます。

シートの代わりに、パイプ状に溶かしたプラスチックを型で挟み込み、その内側から空気を送り込んで膨らませて、型の内壁に押し付けることで、容器などの形状を作るブロー成形という方法もあります。この場合、溶かしたパイプ状のプラスチックを押し出すので、押出ブロー成形と呼ばれます。これは、容器以外にも、仮設トイレの外枠や、自動車のダクトなどの成形にも使われます。

これに対して、あらかじめ射出成形された試験管状のパリソンと呼ばれるものを加熱して、これを膨らませてPETボトルを作る方法もあり、これは射出ブロー成形と呼ばれます。

要点BOX
- 熱して柔らかくしたプラスチックシートを使う
- パイプ状に溶かしたプラスチックを使う
- 吸引や吹き込みで型表面に密着して成形

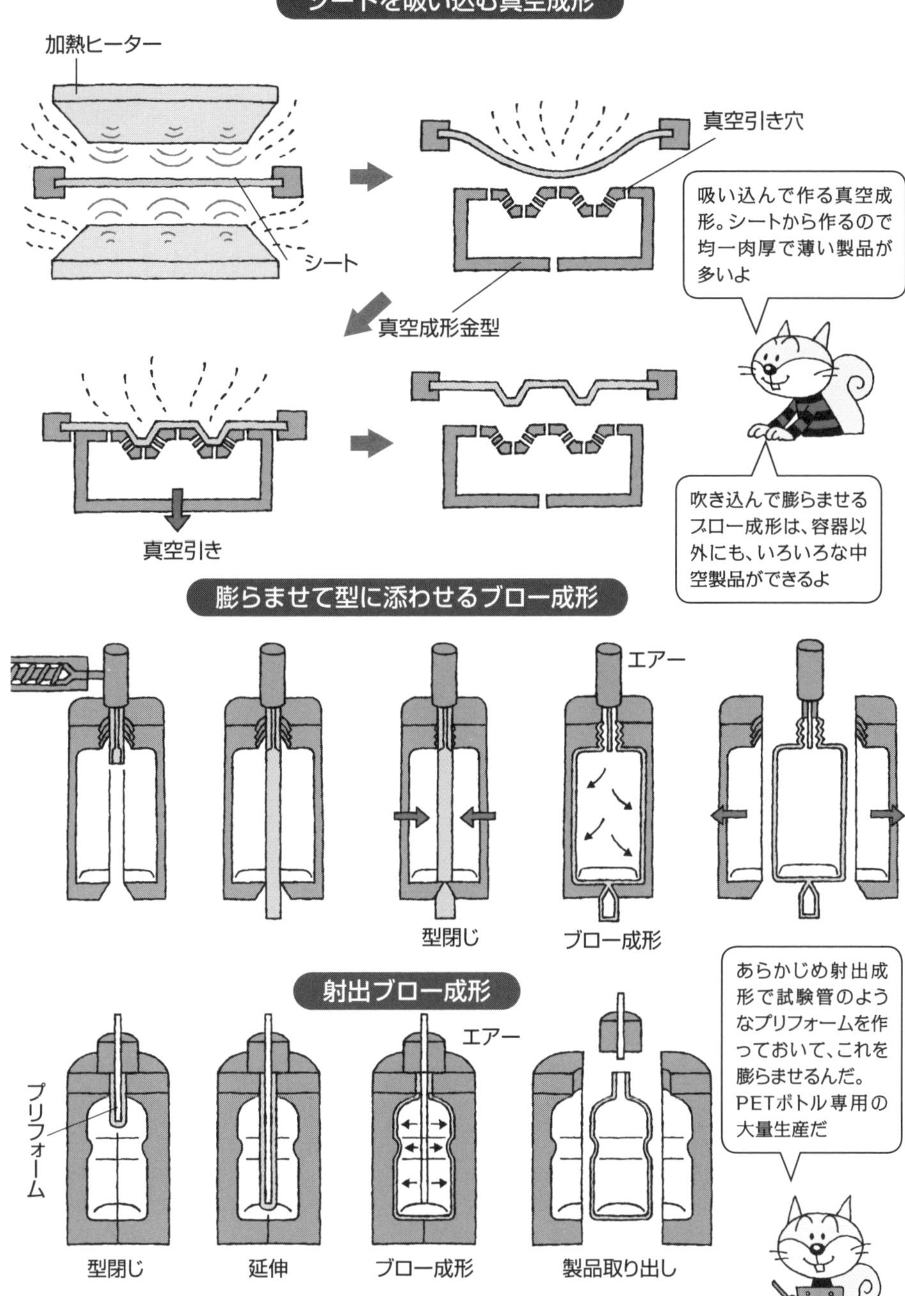
シートを吸い込む真空成形
加熱ヒーター
真空引き穴
シート
真空成形金型
真空引き
吸い込んで作る真空成形。シートから作るので均一肉厚で薄い製品が多いよ
吹き込んで膨らませるブロー成形は、容器以外にも、いろいろな中空製品ができるよ
膨らませて型に添わせるブロー成形
エアー
型閉じ
ブロー成形
射出ブロー成形
プリフォーム
エアー
型閉じ
延伸
ブロー成形
製品取り出し
あらかじめ射出成形で試験管のようなプリフォームを作っておいて、これを膨らませるんだ。PETボトル専用の大量生産だ

15

4 金太郎あめ方式の押出成形・引抜成形

プラスチックの成形方法③

真空成形では、シートを使い、押出ブロー成形ではは溶けたパイプを使いましたが、ここではそのシートやパイプのように連続した断面形状の同一の製品を作る方法について紹介します。

シートの作り方には大別して2つあります。その1つは、蕎麦を棒で練って延ばすような方法で、カレンダー成形といいます。実際には、いくつかのロールの間に熱した柔らかいプラスチックをはさみ、板状に練りながら伸ばしてシートにしていきます。これには型は使いません。

もう1つは、型を使います。スクリューというプラスチックを溶かす機構を使って、薄い長方形の隙間の型に通すと薄い連続した板状のシートができます。スクリューのポンプ効果で押し出すので押出成形と呼ばれます。押出成形で出口が丸の小穴であれば、紐状のプラスチックの帯が出てきます。これを冷やして短く切断すれば、後述する射出成形原料の米粒状のペレットを作ることができます。

さらに、押出機の出口形状を変えると、シートや紐だけでなく、丸棒やパイプ形状のほか、複雑な断面形状をした製品を連続して作ることが可能です。複雑な形状をした成形は、異形押出と呼ばれています。

プラスチックで被覆された電線は、電線を引き抜きながらそれに押出したプラスチックを被覆しながら巻き取っていきます。別の引き抜き利用の成形としては、ガラス繊維やカーボン繊維などを液体に浸して、型を通しながら加熱して反応させることで、固めながら引き抜いていく引抜成形という方法もあります。両者のプラスチックとしての原料の性質は異なりますが、このあたりについては、次章で説明します。

要点BOX

- ●プラスチックシートの作り方は大まかに2つ
- ●押出口形状によって複雑形状も成形可能
- ●繊維に含侵させて引抜ながら成形する方法も

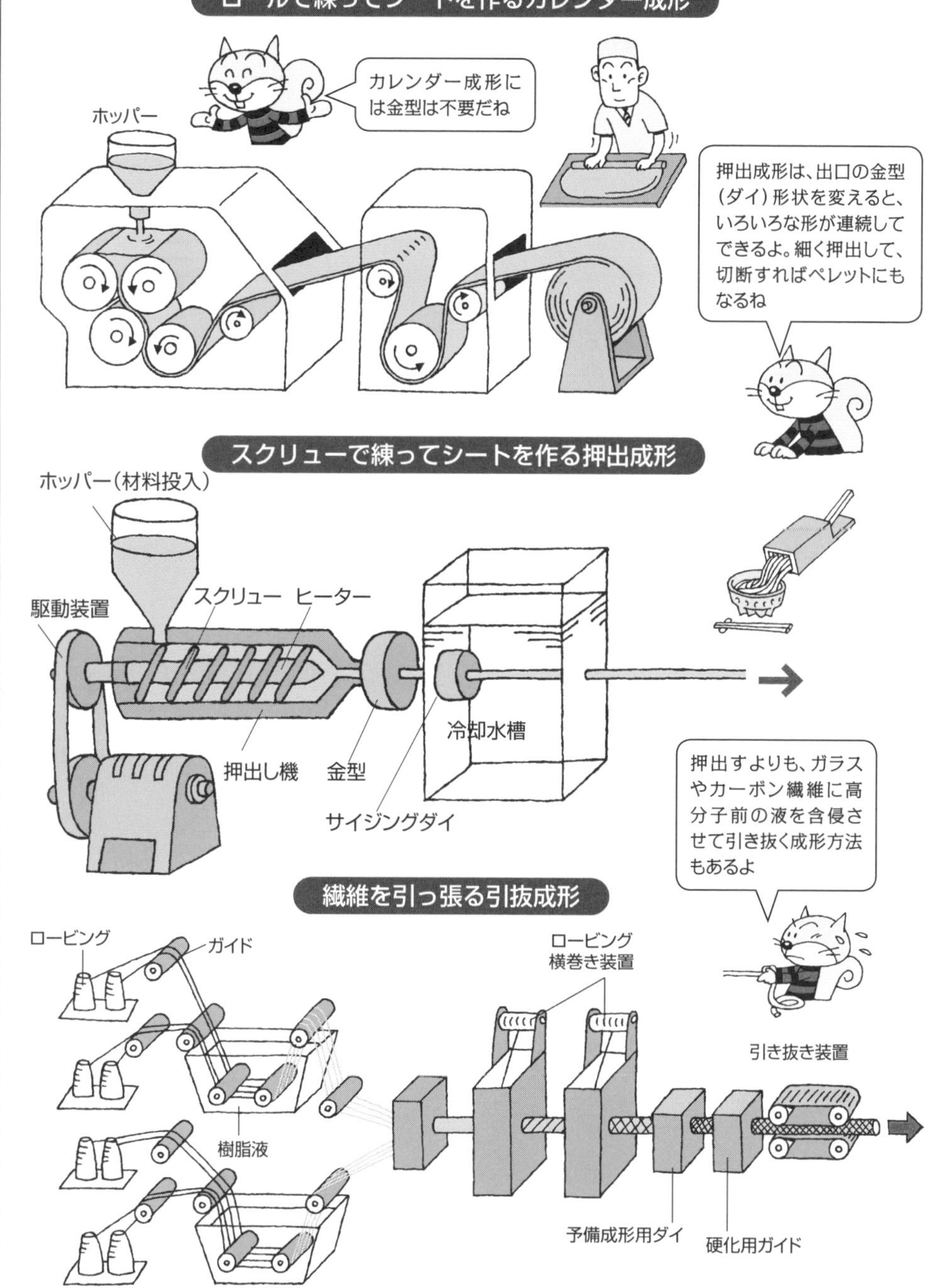
ロールで練ってシートを作るカレンダー成形
カレンダー成形には金型は不要だね
ホッパー
押出成形は、出口の金型(ダイ)形状を変えると、いろいろな形が連続してできるよ。細く押出して、切断すればペレットにもなるね
スクリューで練ってシートを作る押出成形
ホッパー(材料投入)
駆動装置
スクリュー
ヒーター
冷却水槽
押出し機
金型
サイジングダイ
押出すよりも、ガラスやカーボン繊維に高分子前の液を含侵させて引き抜く成形方法もあるよ
繊維を引っ張る引抜成形
ロービング
ガイド
ロービング横巻き装置
引き抜き装置
樹脂液
予備成形用ダイ
硬化用ガイド

17

5 シートを薄くしてできるフイルム

シートとフイルムの違いについては、JIS（日本工業規格）に規定がありますが、概略厚いもの（0・2—0・25㎜以上）がシート、薄いものがフイルムとされています。しかし、薄くても硬いものはフイルムというよりシートと感じるかと思うので、このあたりは微妙なところでしょう。

フイルムの成形は、シートを薄くすればいいことがわかりますね。まだ温度が高くて適度に柔らかい状態のシートを押出方向に引っ張りながら薄く延ばす一軸延伸、押出方向とその直角方向にも薄く延ばす二軸延伸の方法があります。この延伸により、プラスチックの分子を引き伸ばすことで強くすることができます。フイルムが縦横方向の引き裂きに強いものと、ある方向には引き裂きやすいものがありますが、この性質を利用しているのです。

また、この時の温度を制御して、高分子が無理やり延ばされている場合と、伸ばされて安定している状態で冷却固化させる違いによって、後で熱を加えるとシュリンク（縮むシュリンクパック用）したり、熱をかけてもシュリンクしない状態にすることもできます。形状記憶性といわれることもあります。この高分子の状態を配向といい、射出成形の収縮率にも関係するものです。使い方によっては便利であり、また厄介なものでもあります。

さて、もう1つのフイルムの製造方法としては、前項のパイプ状に押出されたプラスチックの内部に空気を入れて風船のように膨らませて薄く延ばす方法です。これはインフレーション成形と呼ばれる方法です。景気にもインフレとデフレという言葉がありますが、そのインフレと同じ意味なのです。

要点BOX
- ●シートをずっと薄くするとフイルムになる
- ●フイルムを延伸すると、素材が強くなる
- ●分子配向は使い方によって便利であり、厄介

押出シートをさらに引き伸ばして薄いフイルムにする方法

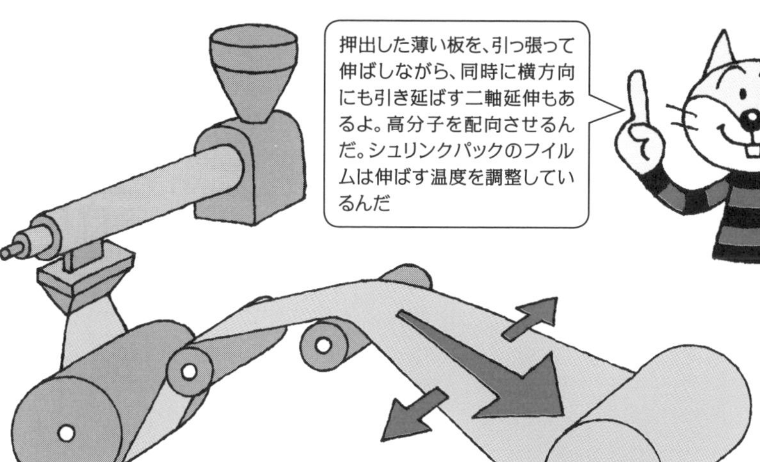

膨らませて薄くするインフレーション成形

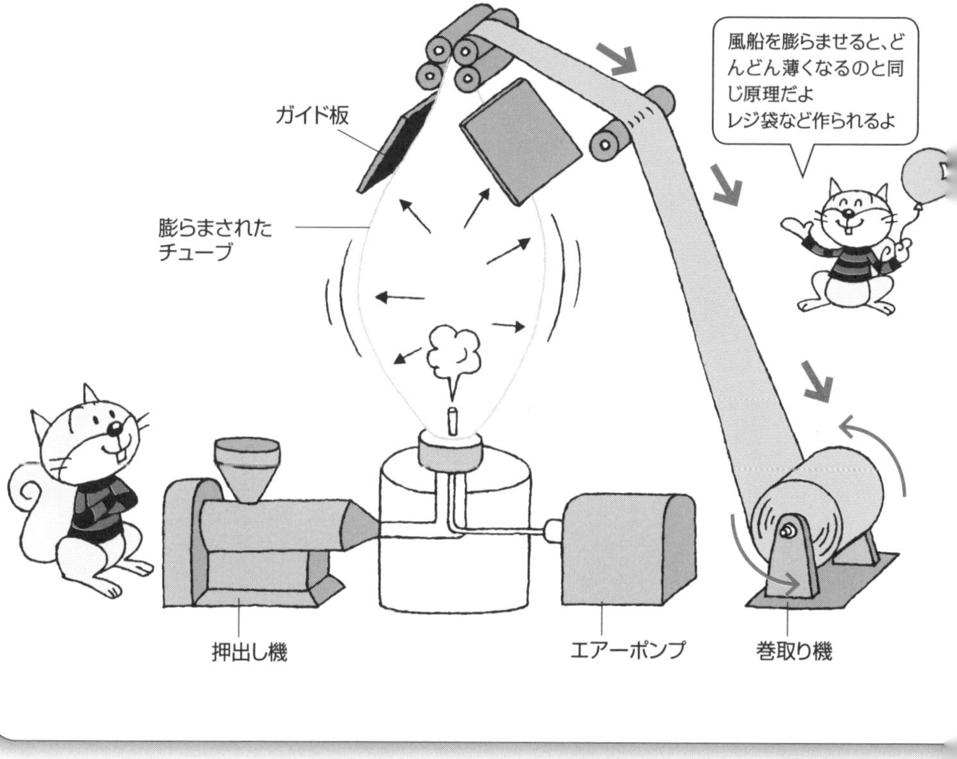

風船を膨らませると、どんどん薄くなるのと同じ原理だよ
レジ袋など作られるよ

ガイド板

膨らまされたチューブ

押出し機

エアーポンプ

巻取り機

6 密閉型に液体を流す 注型・反応成形

プラスチックの成形方法⑤

　ここから少し違ってくるのは、型の中の空洞の部分にすべてプラスチックが詰まっている製品形状の成形方法となるところです。

　鋳物は、金属を溶かして、砂などで作った型の空間に流し込んで、製品を作る古くからある方法ですね。その砂型を作るための元の型（マスターサンプル）は先に作っておきます。プラスチック成形の中の注型という成形法も同じやり方で行われます。ただ、最近では、その元となるマスターサンプルは3Dプリンターで作られることが多くなっています（9項）。

　そのマスターサンプルを入れたものに、砂の代わりにシリコーン樹脂で型を作ります。それが固まった後に、その型を割ってマスターサンプルを取り出して、製品となる部分の空洞を作るのです。あとは鋳造と同じで、プラスチックの元となる液体を流し込んで、固めたのちに取り出します。型自体がシリコーンなので、採取できる製品数は数個から十数個程度です。

　採取できる数量が少ない理由は、その型の耐久性にあります。耐久性を上げるために、鋳物などで作った型の両方の内側を削って製品部分を作り、そこにプラスチックの元となる液体を押し込むように流し込む反応射出成形（Reaction Injection Molding：RIM）という方法もあります。複数の物質を混ぜ合わせて化学反応によってプラスチックにするのです。

　この反応射出成形に発泡剤を入れて膨らませると、発泡ウレタンのようなふわふわのものとなります。壁の隙間を型の空間と考えれば、この空間に発泡ウレタンを射出すれば断熱材とすることも可能です。このあたり、型が金属で作られた金型で、樹脂が詰まっている点は射出成形に近くなってきましたね。

要点BOX
- 空洞全体に樹脂が詰まっている
- 注型は作る数量が少なく試作品用が多い
- 注型もRIMも、型内部で化学反応が起きている

反転型を作ってプラスチックを流し込む注型

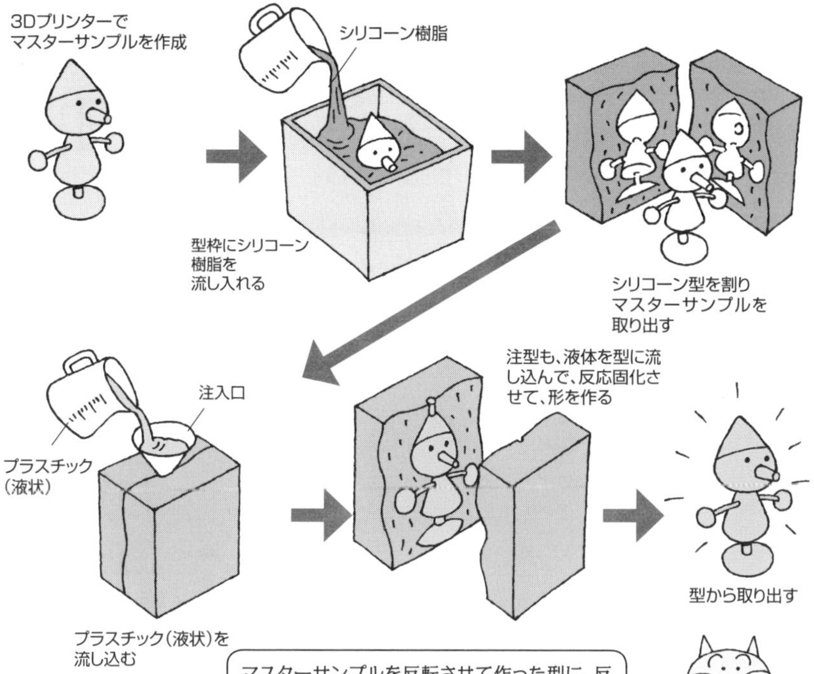

3Dプリンターで
マスターサンプルを作成

シリコーン樹脂

型枠にシリコーン
樹脂を
流し入れる

シリコーン型を割り
マスターサンプルを
取り出す

注入口

プラスチック
(液状)

注型も、液体を型に流
し込んで、反応固化さ
せて、形を作る

型から取り出す

プラスチック(液状)を
流し込む

マスターサンプルを反転させて作った型に、反応して硬化する材料を入れて作るんだ
材料も液体だから、型もシリコーンで作ったりするけど、取れる数は少ないよ。試作用が多いね

液体を混ぜてプラスチックにする反応成形

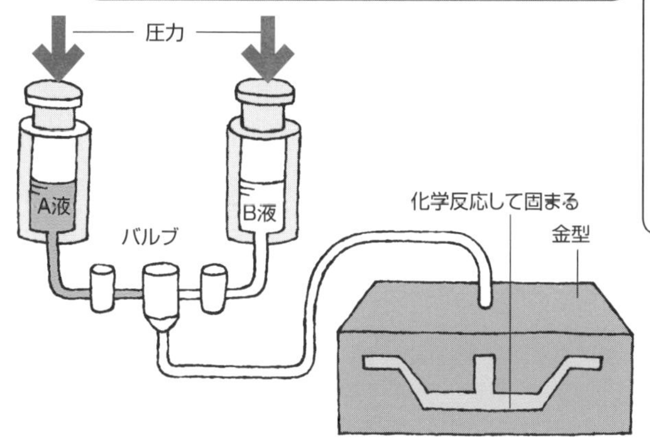

二液性の毛染め液や、二液性接着剤と同じ原理だよ。
原料が液体だから、圧力も高くないし、金型もそんなに剛性はいらないんだ
ウレタンに発泡剤を加えれば、発泡ウレタン製品もできるよ

7 粘土状材料を押込んで成形

密閉空間に材料を入れ込む成形方法であれば、製品の肉厚も形状も型の空間の形でいろいろなものができるところがこれまでの成形方法と大きな違いでしょう。ただし、注型はシリコンなどの柔らかい素材、RIMは金属の中でも柔らかい鋳物などの安価な材料が型材として使われていましたね。この理由は、金型に押込まれる材料が液体で、成形圧力が低いことと、生産数量がそれほど多くないことによります。

しかし、液体では運搬も不便で、また、こぼれたりすると取り扱いも面倒です。そこで、液体を混ぜて粘土の団子状（バルク）にしたものを押しつぶして隅々まで押込んで金型の形状にする圧縮成形という方法があります。粘土状の材料なので、圧縮するには液体よりも高い圧力が必要になります。

これに対して、肉厚の厚い部分にはシートを何枚か重ねて肉厚部を調整して圧縮成形する方法もありますが、粘土状の場合よりも作業工程が少し面倒ですね。圧縮成形でも、材料面に着目してBMC（Bulk Molding Compound）、SMC（Sheet Molding Compound）と呼ばれることもあります。

粘土状材料の圧縮成形は、その製品重量分の団子をあらかじめ量って、毎回投入する必要があります。これでは面倒なので、閉じた金型に材料貯蔵ポットと湯口をつけて、この部分から高圧でポットから金型に押出して注入する方法があります。これは、ポットから金型に材料を移送（Transfer）するので、トランスファー成形と呼ばれています。RIM成形が液体を金型に注入したのに対して、材料が粘土状になっています。射出成形も金型に注入される材料は粘土状なので、この点すでに射出成形に近い成形方法ですね。

要点BOX

●粘土状の材料の成形には押しつぶす力が必要
●BMCやSMCは材料面から分けた成形の名称
●樹脂をポットから移送して圧縮する

圧縮成形

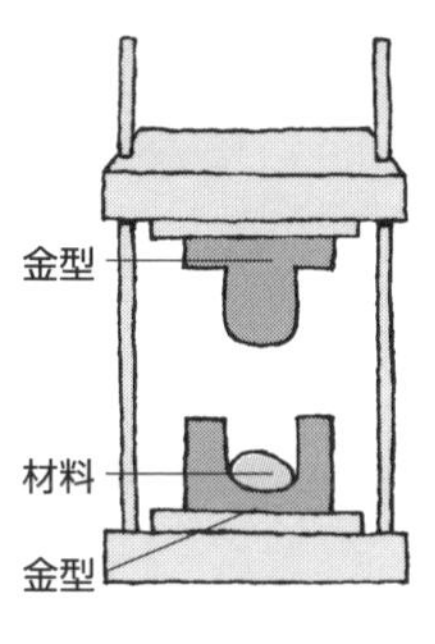

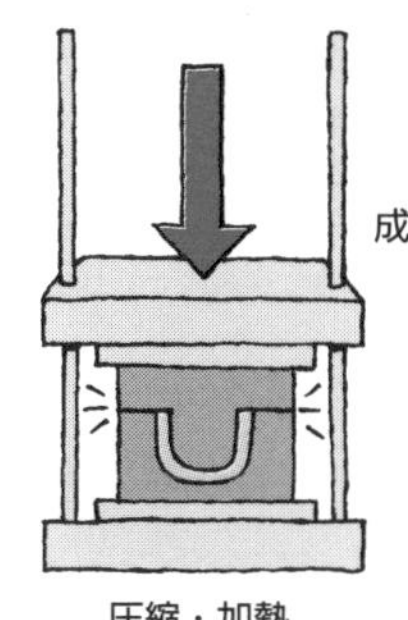
圧縮・加熱

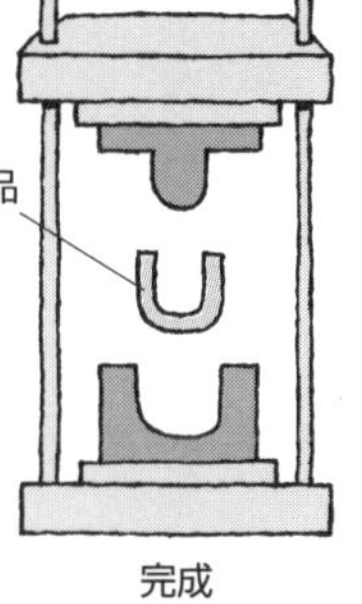

完成

鯛焼きと同じ方法だけど、力で押しつぶして加熱するんだ
反応して硬くなる材料にいろんな材料を加えて粘土状にしているよ

SMC成形

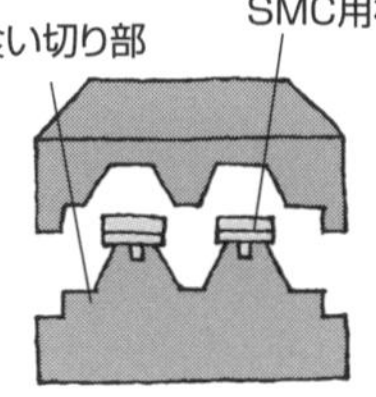

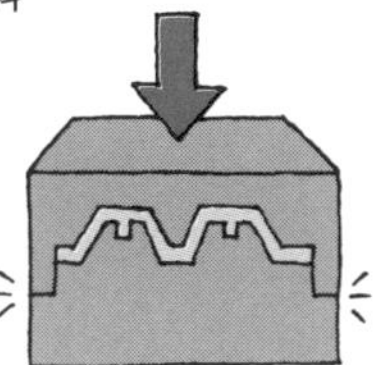

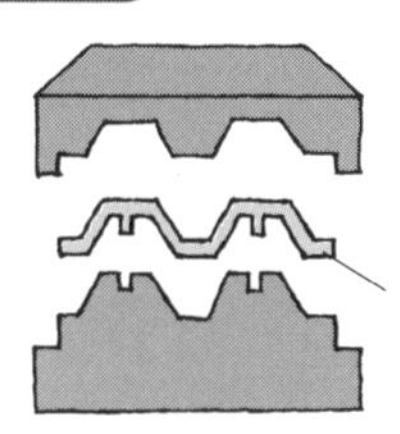

粘土状の材料の代わりに、シートに反応する材料を含侵させて、これを圧縮加熱して成形する方法

トランスファー成形

こっちは、ポットにあらかじめ材料を入れておいて、それを湯道を通して金型へ押し込むんだ。トランスファーは「移送」という意味だよ

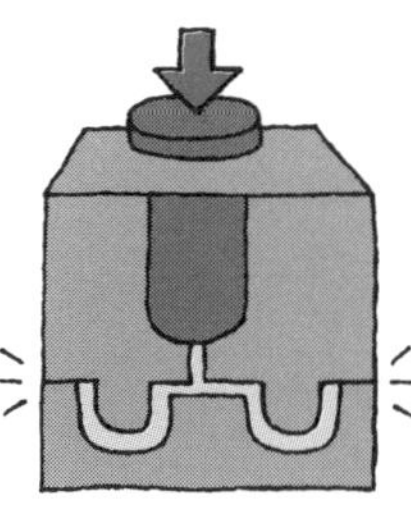

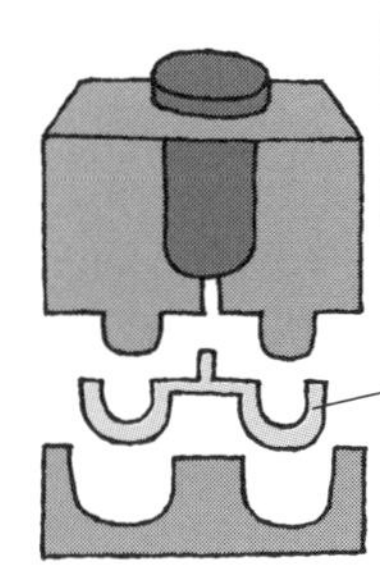

8 射出成形のいろは

形状、材料、生産数量による分類

プラスチックの成形方法の分類方法にはいろいろあるなかで、ここまでは「型」の観点から説明してきました。多種多様な成形方法があることがわかったところで、それらを異なる見方で再分類してみると、下記のような違った分類方法もあることがわかります。

①製品形状（均一肉厚、空洞製品、フィルムなど）
②使用する材料（シート、液体、粘土状ペレットなど）
③生産数量（試作品用、少量・多量生産など）

これ以外にも、次章で述べる樹脂材料による違いとか、スクリューを使うものと使わないもの──などの分類もあるのですが、そのあたりはだんだんと理解できるかと思います。

射出成形をこれらの観点から見ていくことにします。

1つ目はⒶ両面の金型が合わさることで、その内部の空間形状の製品を作る、2つ目はⒷペレットを溶かした粘土状樹脂を押し込む、3つ目はⒸしっかりした金型で多量生産する──方法といえるでしょう（60項で説明する例外もあります）。

こうして見ると、射出成形はトランスファー成形の延長上にあるような成形方法になります。射出成形は、毎ショット可塑化装置と呼ばれるもので材料を溶かして、金型の空洞部に射込み、冷やして固化したものを取り出すという動作を繰り返すものです。すなわち、トランスファー成形と異なる点は、可塑化する装置と射出する装置が別となっており、また材料も米粒状のペレットという点です。

射出成形は、空洞製品や連続長物製品、フィルムなどの製品には向きませんが、肉厚も均一でない、複雑な形状の製品に向く成形方法だということは理解できたかと思います。

要点BOX
- ●成形方法にはいろいろな分類のやり方がある
- ●射出成形品は複雑な形状の大量生産向き
- ●射出成形はトランスファー成形の延長上の成形

射出成形のいろは

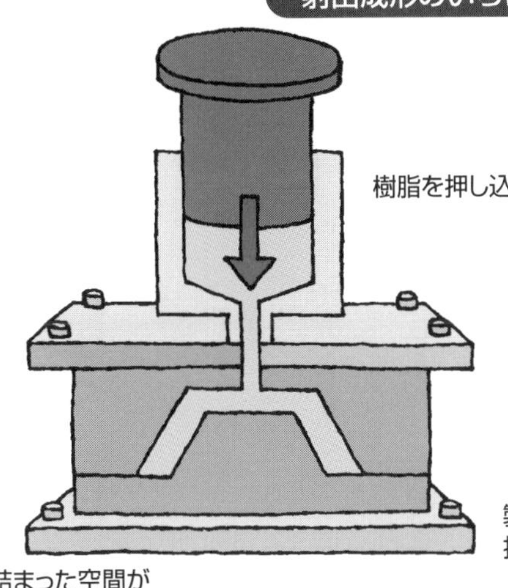

成形の分類法を変えた場合の射出成形の位置

大分類	中分類	製品	成形方法
製品形状	均一肉厚形状	卵パック	真空成形
	フイルム状	レジ袋・ラップ	インフレーション成形
	空洞・ボトル状	飲料ボトル・燃料タンク	ブロー成形
	金太郎あめ状	パイプ・棒状・シート状	押出成形・引抜成形
	複雑3D形状	インパネ・電気製品など	射出成形
仕様材料	シート	プラシート	押出成形・カレンダー成形
	液体	建機バンパーなど	反応成形
	粘土状	灰皿・絶縁電気部品	圧縮成形
	米粒状	ボトル・複雑3D製品	ブロー成形・射出成形
	粉体状	インパネ表皮・街頭電気カバー	回転成形・パウダースラッシュ成形
生産数量	試作品1個	形状確認用サンプル	3Dプリンター
	試作品～数十個	試作品	注型
	量産～数万個	建機用部品	RIM
	量産　数十万～数百万個	飲料用ボトル、電気・自動車部品など	ブロー成形・射出成形

これまでの、型を中心としたプラスチック成形の分類方法以外にも、分類の仕方はあるよ

9 当たり前となった3Dプリンター

金型不要の成形方法

3D（3Dimension：3次元）プリンターは、コンピューターの3次元の図面（3Dデータ）を、3次元の立体的な形に具現化して出力するものです。いまでは、人体の断面も体を切断することなくMRIやCTで観察することができますが、以前は、（死刑囚の承諾を得て）人体を液体窒素で凍結後、㎜単位でスライスして立体的な人体構造を観察したそうです。そのスライス面を重ね合わせると元の立体となる訳ですね。

現在の3D-CAD（39項）も同様で、3Dで作成したデータは自由な断面でスライスして、それを出力することは簡単にできる時代になりました。そのスライス面を何層も作り、それを外部機器で固めて積層していくことで、3次元の物体を作り出すのが3Dプリンターです。この方法だと、金型がなくても製品を作ることは可能です。

この方法をイメージするには、まず①1枚の紙を敷きその面にプリンターで製品の断面を描く、②その上に新しい紙を敷き次の断面図を描く、③これを繰り返す…と考えてください。そうすると、積み重なった紙に描かれた部分は、立体的な3次元の物体になりますね。この紙が液体や粉体であり、描かれた部分が固化しているとすれば、液体・粉体を流し落とすことで、物体を得ることができます。

固める方法としては、紫外線で硬化する液体を使ったり、レーザーでプラスチックや金属の粉体を焼結させたり、接着剤を塗布するなどのやり方があります。また、ノズルから溶けた細いプラスチックを出しながら、鉛筆で絵の線を描くように動かして積み重ねていく方法もあります。最近では、簡単な家屋などを作る試みがなされています。ただ、ブロー成形や射出成形とは違って、大量生産には向いていませんね。

要点BOX
- ●3Dプリンターは、3Dデータを現物化する装置
- ●スライスした製品データを積層する成形法
- ●使う材料はプラスチック、金属など多種多様

3Dプリンターの成形法

3Dプリンターで家も作れる？

Column

人の手によって誕生したプラスチック

プラスチックは、１８３５年に塩化ビニル粉末がフランスで発明された後、１８５６年にイギリスで発明されたセルロイドの頃に端を発しています。１８７０年代にアメリカでセルロイドが象牙のビリヤードの代替品として初めて商品化されました。

「プラスチック」という名称の語源はギリシャ語の「プラスティコス」に由来しており、「型に入れて作るもの」という意味だそうです。あとで説明しますが、プラスチックという英語自体も「可塑性」を意味する言葉なので、これまで見てきたさまざまなプラスチック成形も、狭い意味でいうと「プラスチック（可塑性）ではない」ものもあるのですが、これをいい始めると混乱するので、今のところは、日常、一般的に使われているプラスチックとして説明をしています。

プラスチックが工業用に開発され始めたのは、石炭からベークライトというフェノール樹脂が人工的に作られた20世紀初頭なのです。ＰＥＴボトルで知られているＰＥＴが１９４１年、身のまわりでよく見かけるポリプロピレンが１９５１年に発明されているので、まだまだ１００年も経っていないのです。

プラスチックの成形方法には、これまで見てきたようないろいろなものがあります。プラスチック成形に携わっている人は使わない成形方法であっても基本的なことは知っておくべきでしょう。また、手作業の成形は技能のレベルであって現場伝承であるものが多く、インフレーション、押出成形は大型の機械であるので、設備購入のできる大手専門のものになります。ブロー成形と射出成形は、身のまわりを見ても数多くありますが、射出成形で生産される種類と製品数が圧倒的に多く、さらに、射出成形業を行う中小企業数も多いため、書籍も他のプラスチック成形と比較して多くのものが出版されています。30年、40年以前の日本でも、射出成形について何も詳しく知らない人たちが小型の射出成形機を買い、成形の仕事を始めて生活をする…というようなことさえあったのです。その頃には、たくさんの、自称「射出成形のプロ・達人」がいたものですが、時代の変化とともに、要求される製品品質と価格も厳しくなり、そのような安易なやり方ではもうすでに通用することはなくなっています。

第2章

プラスチックと人工高分子の関係とは？

10 プラスチックと樹脂

プラスチックは人工高分子

プラスチック製品にはさまざまなものがあります。その成形で使用される原材料としても液体、ペースト、粉、米粒状といろいろなものがあることがわかったと思います。しかし、このような多様な種類の材料が同じようにプラスチックと呼ばれていることは不思議ではないでしょうか。実は、プラスチックは炭素を中心とした高分子化合物なのです。

工業化されたベークライト（フェノール樹脂）が石炭から作られていたことは説明しましたが、現在のほとんどのプラスチックは石油から作られていることは知っているでしょうか。石炭は、ずっと昔の植物が腐って分解される前に高い圧力で圧縮されて石のようになったものです。石油の起源には議論はありますが、ずっと昔の生物とされる説が有力のようです。いずれにしても、炭素化合物なのです。炭素化合物は有機物と呼ばれていますが、炭やダイヤモンド、二酸化炭素、一酸化炭素などは無機物です。ちょっとややこしいですが、昔の科学者が「アミノ酸やタンパク質など、生物が作り出す自然界でできるもので、人工的に作ることができないものを有機物と呼ぶ」ことにした流れから来ているのです。しかし、技術の進歩に伴い、人工的に作られるものも出てきてからは、この定義は合わなくなりました。有機化合物は通常、分子が非常に大きくつながった高分子であることが多いのです。

天然にも、繊維やたんぱく質、ゴムなどの樹木から出る樹液などがありますが、高分子を樹脂とも呼ぶのは、このためです。天然高分子が天然樹脂、人工高分子が人工樹脂、すなわちプラスチックです。これが、プラスチックが単に樹脂と呼ばれている所以なのです。いまでは植物から作られる例もあります（18項）。

要点BOX
- ●プラスチックは高分子化合物
- ●炭素化合物であり、有機化合物である
- ●天然高分子と人工高分子

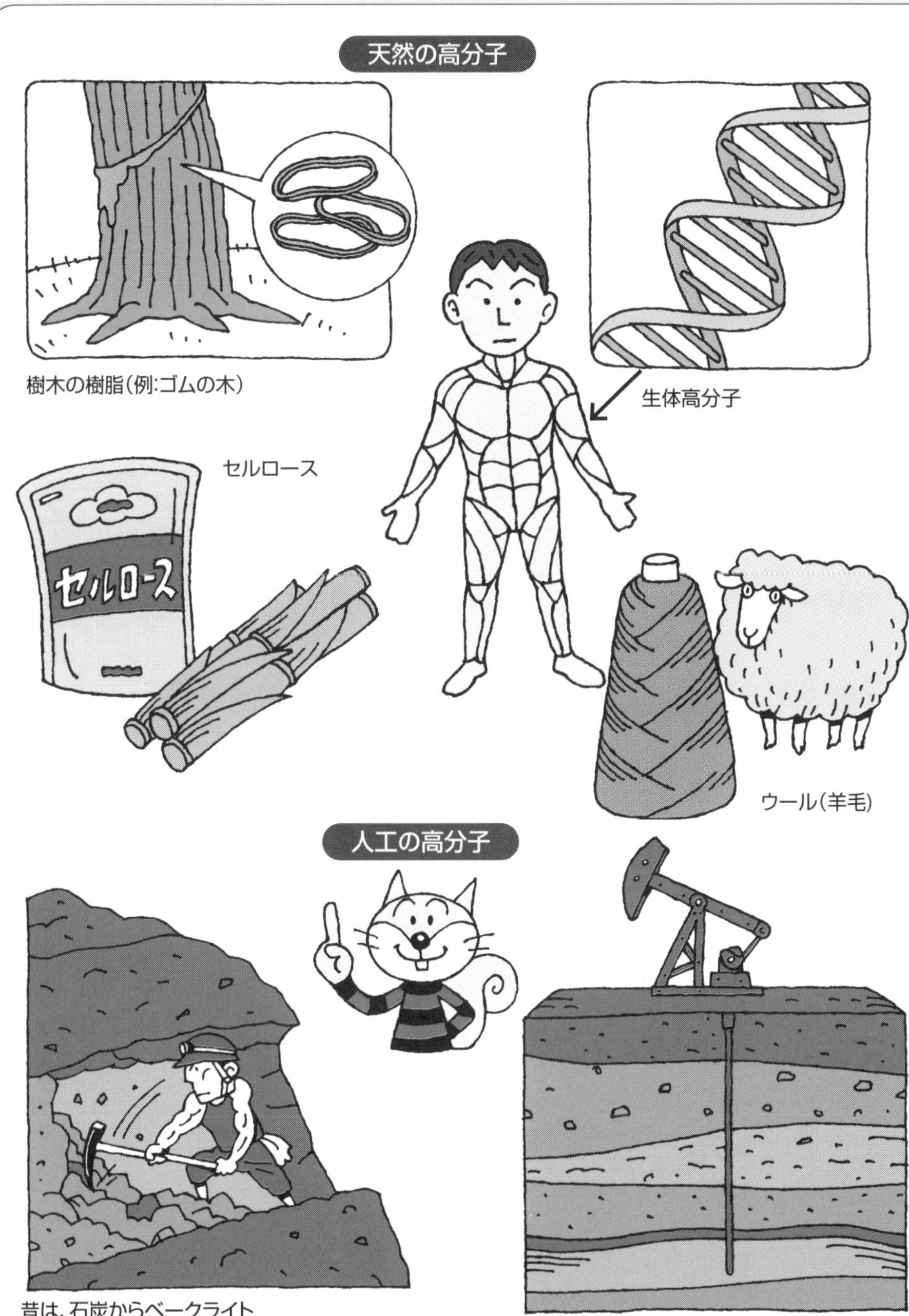
天然の高分子
樹木の樹脂（例:ゴムの木）
生体高分子
セルロース
セルロース
ウール（羊毛）
人工の高分子
昔は、石炭からベークライト
いまは、石油からプラスチック

11 原子・分子から理解しよう

プラスチックが有機化合物な理由

高分子であるプラスチックについては、物質の最小単位である原子を理解してからの方がわかりやすいので、原子・分子から説明を始めましょう。実際には、原子よりももっと小さいものもありますが、ここでは、そこまでは踏み込まないでおきます。原子は、陽子と中性子でできた原子核のまわりを電子が回っているイメージです。

最も小さな原子は水素原子で、陽子が1つあり、そのまわりを電子が1つ回っています。水素の場合、この電子が2つにならないと安定しないため、もう1つの水素原子の電子をお互いに共有して、2つになって安定します。それが分子の状態です。この電子数は、それぞれの原子によって異なるのですが、安定するための不足する個数も異なっています。

この不足する数を「相手を欲しがっている手」と考えるとわかりやすいと思います。水素原子は手が1つ、酸素原子は手が2つです。これを図で表すとわかりやすいでしょう。水素原子はH、酸素原子はOです。水素分子はH_2、酸素分子はO_2で、添えられた小さい数字は、その原子の数を表しています。水の分子はよく知られているH_2Oで、2つの水素原子と1つの酸素原子でできていますね。炭素原子Cを見ると、手が4つあります。

エチレンの分子はC_2H_4です。炭素原子C同士は、2本の手でつなぎあい（二重結合）、残りの2本はそれぞれ水素原子Hとつながっています。この二重結合の1つの手を離した隣のC_2H_4と手をつなぐと、鎖のように長く、分子自体が大きくなります。これが高分子です。炭素原子が4つの手を持っているために、このようなことができます。

前項で説明したように、炭素化合物が有機化合物であることと、プラスチックが有機化合物であることは、こうした要因があるからです。

要点BOX
- ●原子は安定する電子の数が決まっている
- ●2本の手でつなぎ合うのは二重結合
- ●分子が大きくなったのが高分子

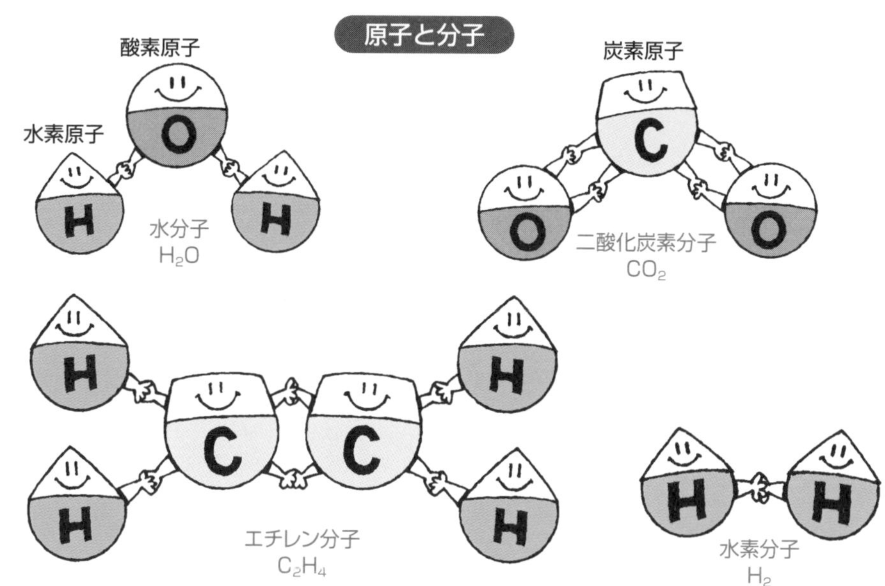
原子と分子
酸素原子
水素原子
O
H
H
水分子
H_2O
炭素原子
C
O
O
二酸化炭素分子
CO_2
H
H
C
C
H
H
エチレン分子
C_2H_4
H
H
水素分子
H_2

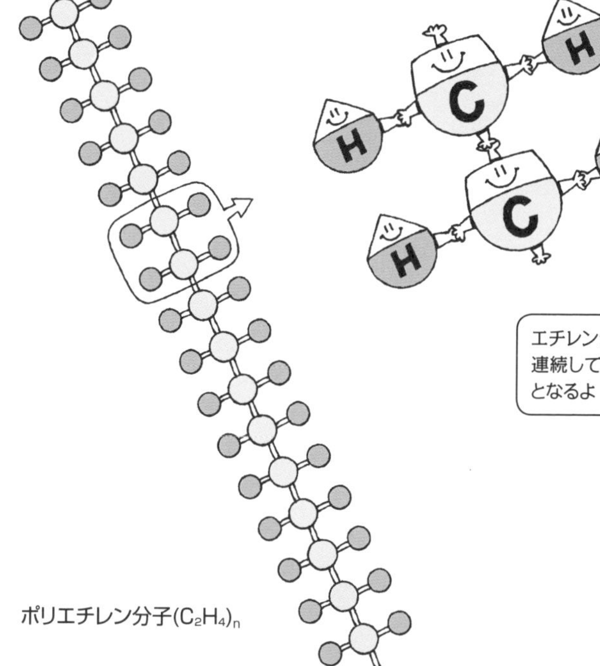
ポリエチレン
H
C
H
H
C
H
ポリエチレン分子$(C_2H_4)_n$

エチレン分子の二重結合の手が離れて、
連続してつながると、長い分子(高分子)
となるよ

12 紐状と網目状の高分子

高分子を人工的に作ることができなかった時代に、ゴムなどは有機物に分類されたと説明しました。高分子を人工的に作ることができるようになると、天然高分子に対して、人工高分子（人工樹脂）と呼ばれるようになりました。細かな説明は省略しますが、炭素を中心につながったいろいろな物質ができることが理解できるかと思います。

このつながり方やつながる分子によって、性質の異なるプラスチックが作られることになります。長い高分子を作る方法は多種多様なのです。複数の材料が混ざる前は高分子でなくても、混ざると化学反応（Reaction）を起こして、どんどんつながって高分子となるタイプのものは、注型やR－IMなどに使われます。接着剤もエポキシ系、ウレタン系などがありますが、これらも2液が混合することで高分子となって硬くなり接着剤の役目をするのです。このような原料に増量材（炭酸カルシウム、タルク、シリカ、粘土状物質など）を混ぜて、シートやバルク（塊状）にして、型に挟み込んで圧縮して形を付与し、加熱することで化学反応を促進して硬化させる方法が、SMCやBMCなどの圧縮成形になります。

ここで、この分子のつながり方について踏み込んで考えてみましょう。

長くつながった高分子は、①枝分かれがあるものの紐状のもの、②紐同士自体がさらにつながって網目のようになったもの、が考えられますね。①の紐状の高分子は、紐同士がつながっていないのでずれることができますが、②の網目状になるとがんじがらめで動くことができないという大きな違いがあります。これが次に説明する熱可塑性樹脂と熱硬化性樹脂の違いです。

要点BOX
- ●化学反応によって長い高分子をつくる
- ●2液の混合で化学反応させる方法
- ●長くつながった高分子は紐状と網目状に分類

2液を混ぜることでの化学反応と硬化

紐状高分子

高分子は動くことができる

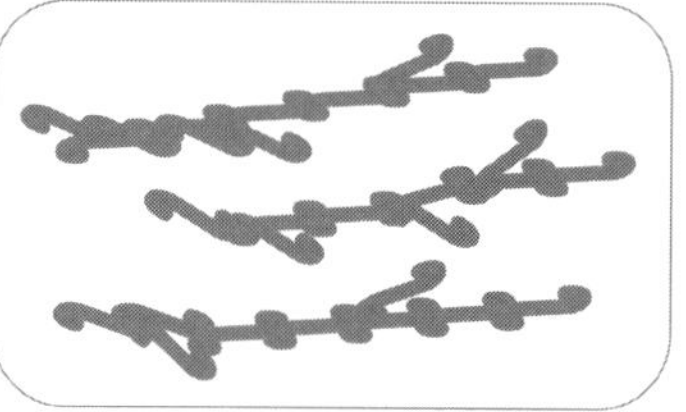

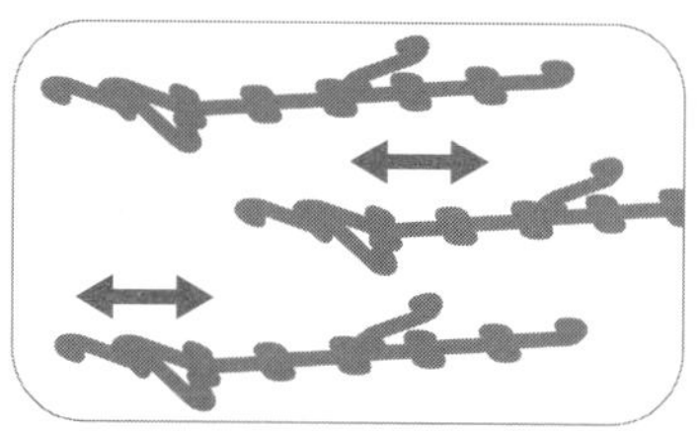

紐状の高分子だと、ずれて動くことができる熱可塑性と呼ばれる材料なんだ。これにいろいろな添加剤を加えて、粉状やペレット状、シート状などにして使われるよ

化学反応型網目状高分子

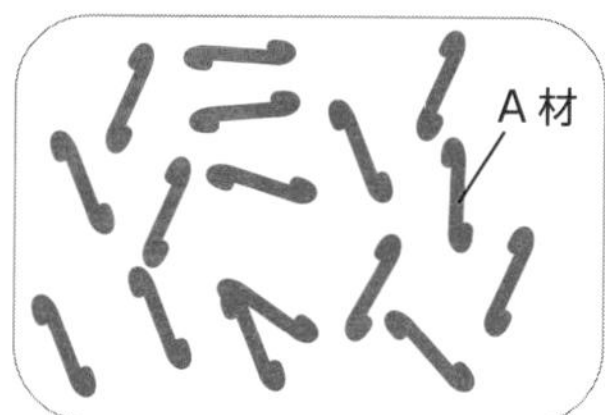

高分子が動くことができない

化学反応

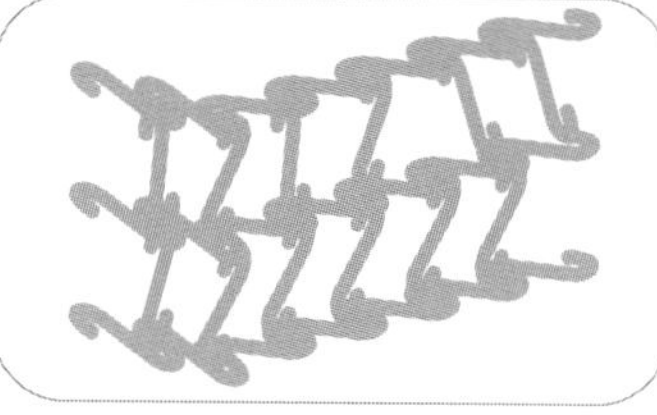

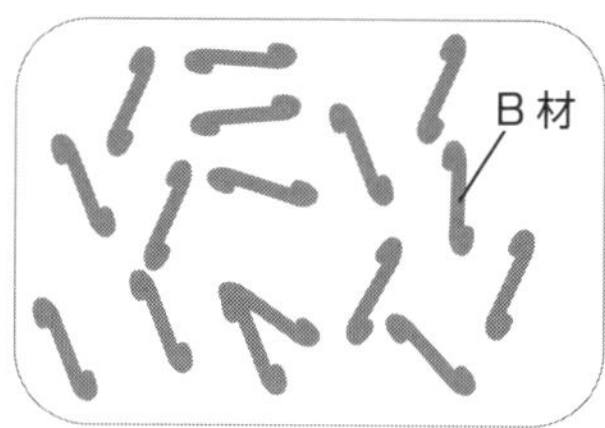

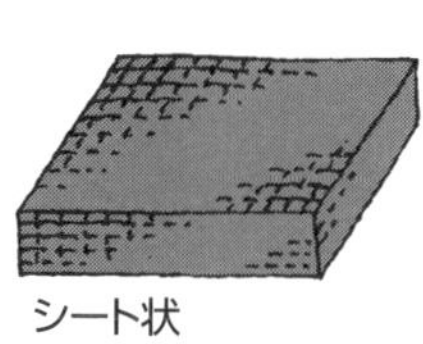

粘土状

化学反応させて網目状の高分子になると、分子が動くことができなくなるんだ。反応する前に、粘土状のものをまぜてバルク状にしたり、シートに含浸させて、それを加工する成形方法があったね

13 熱可塑性樹脂と熱硬化性樹脂

熱可塑性樹脂は英語ではThermo Plastic Resin、熱硬化性樹脂はThermo Set Resinと書きます。前者にはplasticの文字がありますが、後者にはないことに気が付くと思います。plasticは可塑ということを意味します。

紐状の熱可塑性樹脂は、温度が高くなると分子の運動が激しくなって動き始めますが、これは柔らかくなる(可塑状態になる)ことを意味します。再度、温度を下げると硬くなって固化します。網目状の熱硬化性樹脂は拘束されているので動くことができません。すなわち高分子になると温度を高くしても柔らかくはならず、可逆的な性質ではありません。

英語の意味を考えると、熱硬化性プ・ラ・ス・チ・ッ・クというのはおかしいことにはなりますね。しかし巷では、プラスチックの言葉が人工高分子とか人工樹脂の意味に一般化されていて、熱硬化性プラスチックと呼んでも間違いとまではいえない言葉になっているのです。ここでは、特別のケースを除いて、プラスチックと樹脂は同じものと考えてください。

注型や反応成形などは、化学反応することで高分子化させましたが、熱可塑性樹脂の場合には、すでに分子が紐状につながって高分子化している材料を使います。温度を上げて柔らかくしたものを型に入れて形にして、冷やして固めて取り出すのです。回転成形やパウダースラッシュには熱可塑性樹脂の粉を使います。その粉が温度の高い金型内部で溶け、それを冷やして固めています。真空成形や圧空成形のシートも温度を上げることで柔らかくして、真空あるいは圧空で型に引きつけ(押しつけ)、形を作ります。そのシートを作る場合も、元の材料の温度を上げて柔らかくした状態でカレンダー成形したり、押出成形をするのです。

> **要点BOX**
> ●熱可塑性樹脂は温度を高くすると柔らかくなる
> ●熱硬化性樹脂は温度を高くしても柔らかくならない

熱可塑性樹脂と熱硬化性樹脂

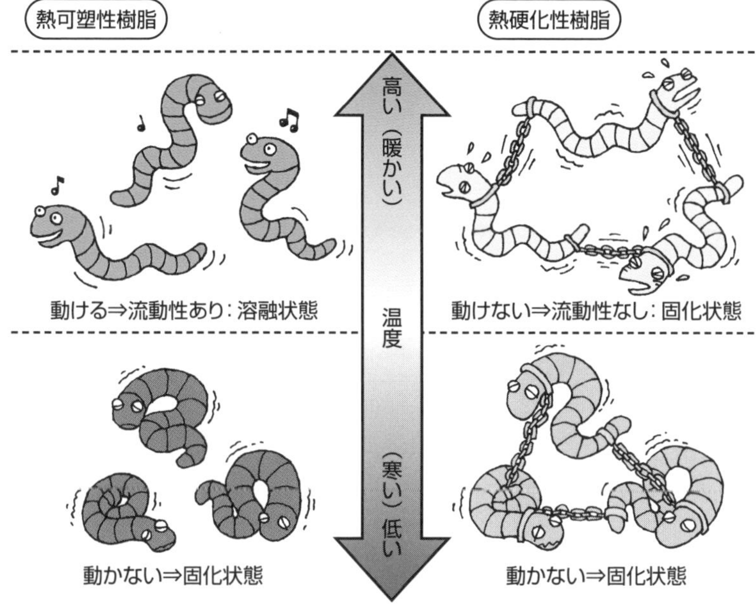

熱可塑性樹脂と熱硬化性プラスチックの種類

区分	名称	記号
熱可塑性樹脂	高密度ポリエチレン	HDPE
	低密度ポリエチレン	LDPE
	ポリプロピレン	PP
	ポリアミド（ナイロン）	PA
	ポリカーボネート	PC
	ポリアセタール（ポリオキシメチレン）	POM
	ポリメタクリル酸メチル（アクリル樹脂）	PMMA
	ポリ塩化ビニル	PVC
	ポリスチレン	PS
	アクリロニトリル・ブタジエン・スチレン	ABS
	ポリエチレンテレフタレート	PET
	ポリブチレンテレフタレート	PBT
	ポリフェニレンエーテル	PPE
	ポリフェニレンオキサイド	PPO
	熱可塑性エストラマー	TPE
	ポリフェニレンサルファイド	PPS
熱硬化性樹脂	フェノール樹脂	PF
	ユリア樹脂	UF
	メラミン樹脂	MF
	不飽和ポリエステル樹脂	UP
	エキポシ樹脂	EP
	ポリウレタン樹脂	PUR

14 熱可塑性樹脂の成形

添加剤で性質を付与する

ここまでの説明で、成形材料と成形方法の違いをおおむね理解できたと思います。概略の分類としては、①液体材料を使う場合は熱硬化性、②増量材、添加剤を混ぜて(コンパウンドして)、バルク(塊)を使う場合は熱硬化性、③シートの場合は、先ほどのバルクをシート状にしたものを使う場合は熱硬化性、④材料が粉、あるいは米粒状のペレットから作られたシートの場合は熱可塑性、⑤粉やペレットから成形する場合は熱可塑性です。

粉の場合、液体のように型の壁に付着しやすくするためですが、ペレットの場合には、取り扱い性の便利さ以外にいろいろな添加剤を混ぜて材料の性質を調整する目的もあります。樹脂材料それ自体では製品として耐えるものではなく、酸化防止剤、紫外線防止剤、難燃剤、滑剤、着色剤、増量材などの添加剤を混ぜることで、その製品に必要な材料特性としているのです。これもコンパウンドと呼びますが、ペレットも、押出機で作られましたね。コンパウンドには、混錬・混合が非常に重要になります。コンパウンドにも、ストランドカット、ホットカット、アンダーウォーターカットなど、いろいろあります。これらの方法や条件によっても、ペレット形状も太さ、長さだけでなく、嵩密度も微妙に異なっています。

28 29項で可塑化について説明しますが、ペレット形状によっても可塑化が影響を受けることもあるのです。材料を再生利用する時にも、可塑化を安定させるためペレット化されることもあります。

ブロー成形や射出成形などで作られる製品は、総生産数が非常に多い大量生産ですが、在庫を極力少なくするために、需要に併せて、頻繁に金型が交換されます。その時には材料交換もされるので、取り扱い面や作業性の点からもペレットが便利なのです。

要点BOX

- 材料によって熱可塑性と熱硬化性に分類する
- ペレットは取り扱いやすい。添加剤で性質を調整しやすい

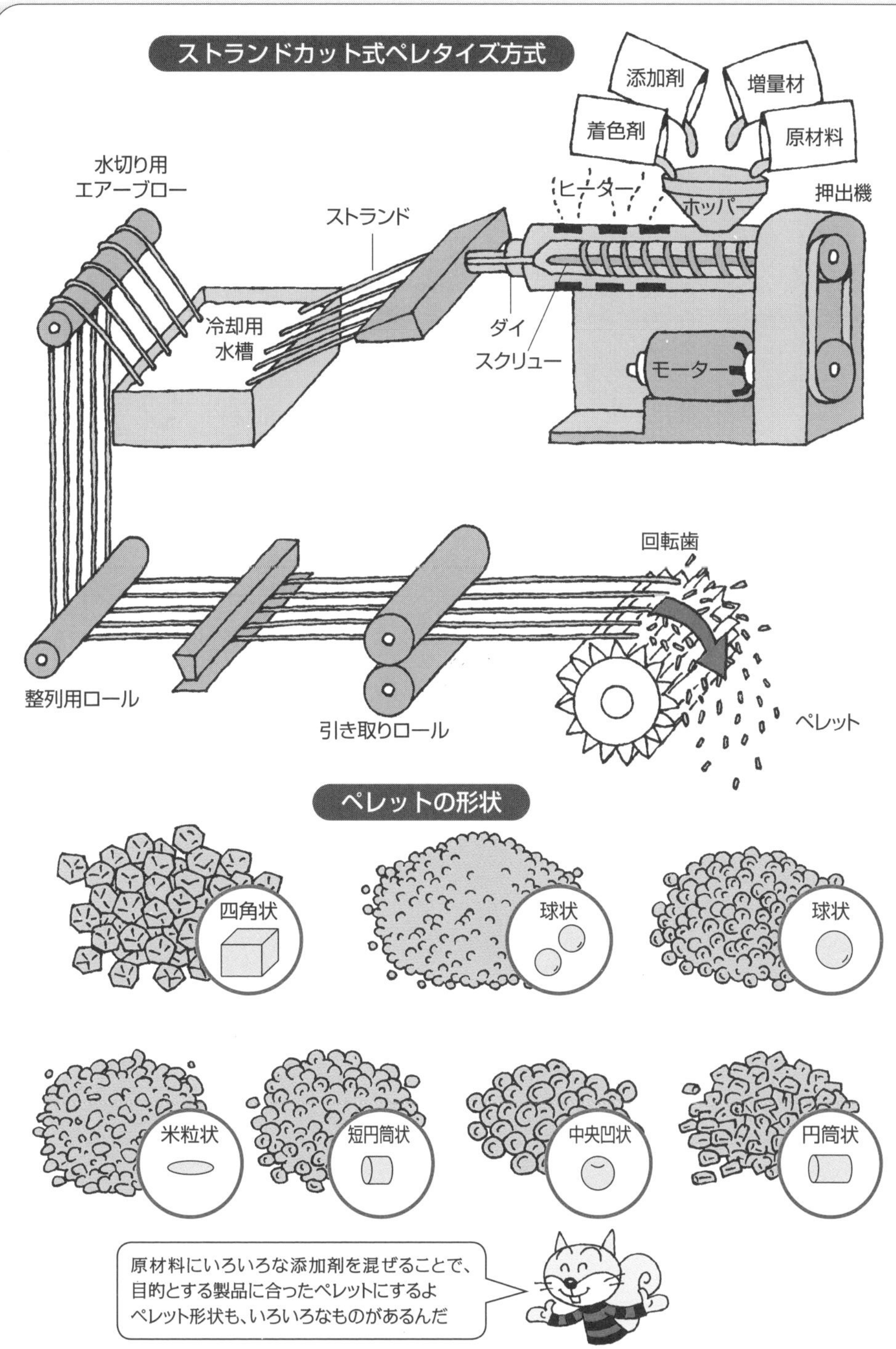

ストランドカット式ペレタイズ方式
添加剤
増量材
着色剤
原材料
水切り用
エアーブロー
ヒーター
ホッパー
押出機
ストランド
冷却用
水槽
ダイ
スクリュー
モーター
回転歯
整列用ロール
引き取りロール
ペレット
ペレットの形状
四角状
球状
球状
米粒状
短円筒状
中央凹状
円筒状
原材料にいろいろな添加剤を混ぜることで、
目的とする製品に合ったペレットにするよ
ペレット形状も、いろいろなものがあるんだ

15 熱可塑性樹脂のいろいろ

ポリマーとモノマー

後述するような熱硬化性樹脂を射出成形するものもありますが、射出成形のほとんどは熱可塑性樹脂の成形です。エチレン（C_2H_4）がつながるとポリエチレン（PE）になりました。熱硬化性樹脂のように網目状でがんじがらめにはなっておらず、紐同士はずれることができて柔らかくもなれるのでしたね。この枝の付き方によっても性質が少し違ってきます。このように長くつながった高分子をポリマーといいます。ポリマーの前の状態はモノマーです。

プロピレン（C_3H_6）がつながるとポリプロピレン（PP）になります。ポリエチレンとは分子構造自体が異なるので、これもまた性質が異なる高分子です。ポリエチレンとポリプロピレンが混じってつながることも考えられますね。これは、複数のモノマーで構成されたコポリマーと呼ばれます。コ（Co）は「共」とか「一緒」との意味があります。

PEやPP単体は、ホモポリマーと呼ばれます。この複数のポリマーのつながりにも、規則的なものやランダムなものなどがありますが、それによっても樹脂の性質は変わるのです。

この他に、塩化ビニル（C_2H_3Cl）がポリマーになるとポリ塩化ビニル（通称塩ビ：PVC）となり、スチレン（C_8H_8）のポリマーはポリスチレン（PS）などです。PSは割れやすいので、これにアクリロニトリルやブタジエンゴムなどを加えてコポリマー化するとアクリロニトリル・ブタジエン・スチレン（ABS）になります。アクリル樹脂（PMMA）、ポリカーボネート（PC）、ポリオキシメチレン（POM）、ポリアミド（PA）などの熱可塑性樹脂があります。このように、分子がいろいろなつながり方で高分子の紐状になっているので、性質の異なった樹脂ができるのです。

要点BOX

- ●射出成形のほとんどは熱可塑性樹脂
- ●別の高分子が混ざるとコポリマーになる
- ●単体はホモポリマー

同じポリエチレンでも違う性質

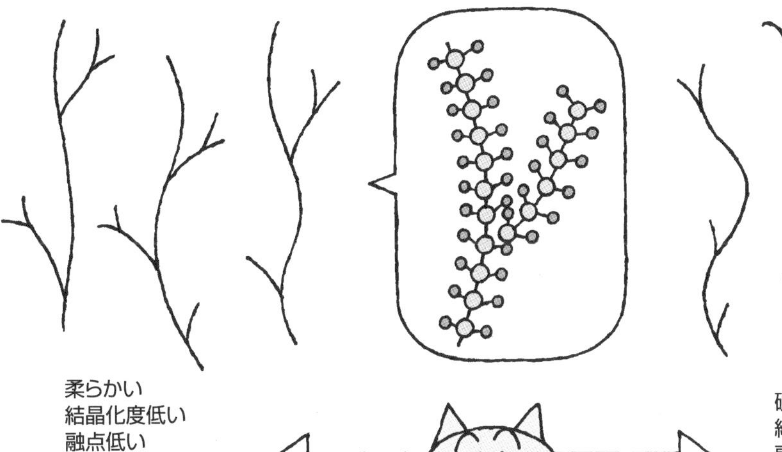

柔らかい
結晶化度低い
融点低い

硬い
結晶化度高い
融点高い

枝分かれの多い
低密度ポリエチレン
(LDPE)

枝分かれの少ない
高密度ポリエチレン
(HDPE)

PEとPPのコポリマー

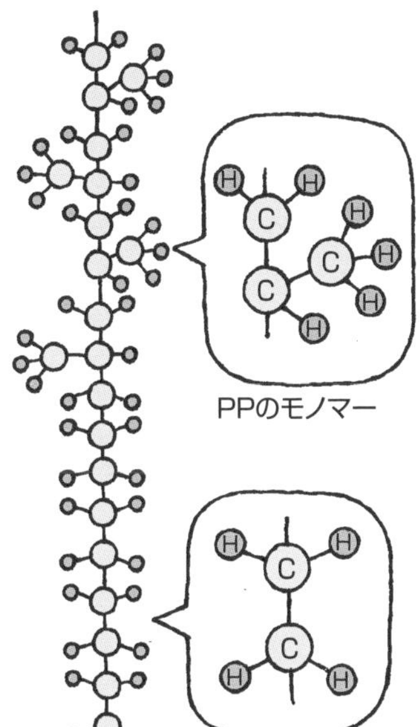

いろいろな樹脂の分子構造例

$\left[-\mathrm{CH_2-CH_2}-\right]_n$ ポリエチレン(PE)	$\left[-\mathrm{CH_2-CH(CH_3)}-\right]_n$ ポリプロピレン(PP)	$\left[-\mathrm{CH_2-CH(C_6H_5)}-\right]_n$ ポリスチレン(PS)
$\left[-\mathrm{CH_2-CHCl}-\right]_n$ ポリ塩化ビニル(PVC)	$\left[-\mathrm{S-C_6H_4}-\right]_n$ ポリフェニレンスルファイド(PPS)	$\left[-\mathrm{O-C_6H_4-C(CH_3)_2-C_6H_4-O-C(=O)}-\right]_n$ ポリカーボネート(PC)
$\left[-\mathrm{CH_2-CH(COOCH_3)}-\right]_n$ ポリメタクリル酸メチル(PMMA)	$\left[-\mathrm{NH-(CH_2)_x-C(=O)}-\right]_n$ x:5 ポリアミド6(PA6) x:11 ポリアミド12(PA12)	$\left[-\mathrm{O-CH_2}-\right]_n$ ポリオキシメチレン(POM)

16 結晶性樹脂と非晶性樹脂

分子構造によって、いろいろなプラスチックができることは理解できたと思います。ここから、少し違った切り口で樹脂を見てみましょう。プラスチックには、一般(汎用)プラスチックやエンジニアリングプラスチック、スーパーエンジニアリングプラスチックなどの分類方法もありますが、これは大雑把に固体時の耐熱性で区別されていると考えてください。耐熱温度が高いほど、価格も高くなります。例えば、小学生、中学生、高校生というような分類になるでしょうか。

次に、結晶性と非晶性の違いについて説明します。これは、男性と女性というような別の切り口の分類方法と考えてください。塩の結晶を思い出してください。分子がきちんと整列した状態が結晶状態でしたね。樹脂も同様で、紐状の樹脂が並びやすいものと、並びにくいものがあります。しかし、高分子の結晶は、塩のように全体がきちんと並ぶわけではありません。紐状の長い高分子なので、その一部が整列して結晶化した部分ができているというものです。並びやすいものとは、分子の形が並びやすいかどうかによります。紐状の分子鎖に大きな分子がくっついていたりすると邪魔になって整列しにくいですし、分子が電気的に偏っていると、それが邪魔して整列を拒むこともあります。

非晶性樹脂は分子が規則的に並んだ部分がなく、全体が一様な(均一な)状態なのです。その均一性のため光をそのまま通し透明です。結晶性樹脂は、溶けている状態では全体が均一な非晶性で透明ですが、固化すると先ほど説明したように、部分的に結晶化部分が混じるため、光学的にも不均一となり不透明になります。ただ、この結晶化の程度(結晶化度)は、成形の条件によっても違ってくるので、不透明さや物性も成形条件に影響されます。

要点BOX
- 樹脂は固体時の耐熱性で分類する方法もある
- 結晶性樹脂の分子は一部が整列して結晶化
- 非晶性樹脂は均一性がある

結晶性と非晶性の違い

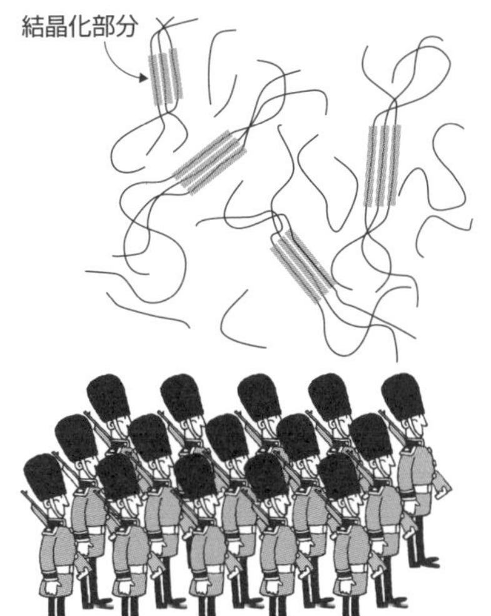

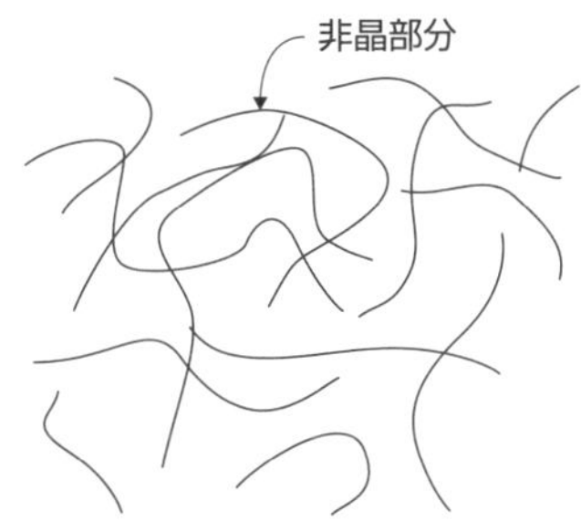

組織化された集団

烏合の衆の集まり

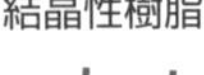

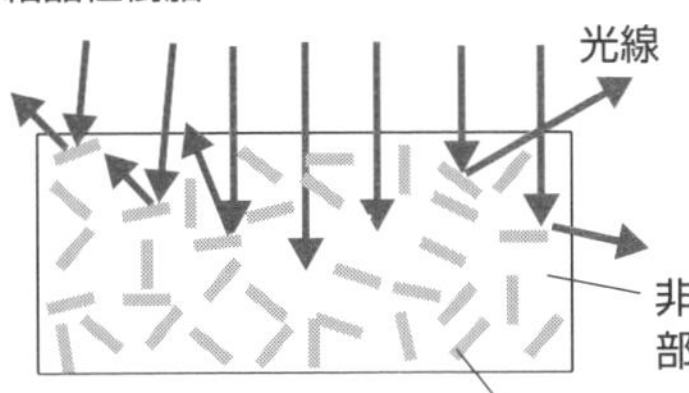

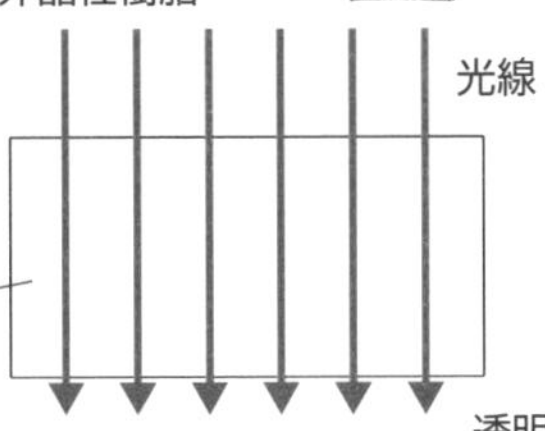

溶けたPPと固化したPP

17 樹脂の粘度とクリープ

溶融時と固体時特性

　プラスチックは、粘土のような塑性であると説明しましたが、実際には弾性的な性質もあります。溶けた状態では温度が高いと膨張していますが、圧力を加えると圧縮されて小さくなります。これは収縮率のところでまた説明します。

　熱可塑性高分子は紐状のため、せん断応力（ずれの力が働くこと）によって紐の形が変わります。力が加わっていない自然な状態では紐が丸まった状態ですが、ずれの力が加わると伸ばされて構造に変化が起きます。この構造の変化は流れるときのせん断応力によってせん断速度（ずれの程度）が変化して、溶融樹脂の粘度を急激に低下させるのです。そのため、小さなゲートでも感覚的に思ったよりも容易に流し込むことができるのです。

　水や油の分子は小さいので、せん断速度変化によって粘度が変わることがないニュートン流体と呼ばれますが、溶融樹脂はせん断速度の変化によって粘度が変化するので非ニュートン流体と呼ばれます。非ニュートン流体には、せん断速度が大きくなると粘度も高くなるダイラタンシーと呼ばれるタイプと、溶融樹脂のように粘度が低下するチクソトロピーと呼ばれるものがあります。片栗粉と水を混ぜた液体上を人が走る科学実験番組がありますが、速く走ると液体が硬くなって走ることができますが、力尽きて遅くなると沈み込むというものが、ダイラタンシーの一例です。

　固体の製品を考えると、ばねは引っ張って手を離すと元に戻りますが、粘土は引っ張ると伸びたままですね。プラスチックはその中間的な状態です。引っ張っている時間によって高分子同士のずれ具合が違ってくるので、引っ張るのをやめると完全には元に戻らず、力のかかり具合によって戻る程度も異なります。これはクリープと呼ばれ、樹脂製品では注意しておく必要があります。

要点BOX
- ●せん断速度は溶融樹脂の粘度に関係する
- ●溶融樹脂は非ニュートン流体
- ●クリープには要注意

溶融樹脂の流れと分子状態イメージ

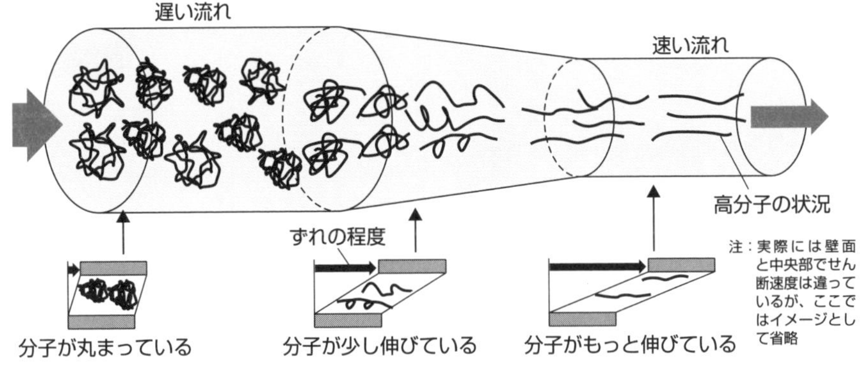

ずれ（せん断速度）と粘度

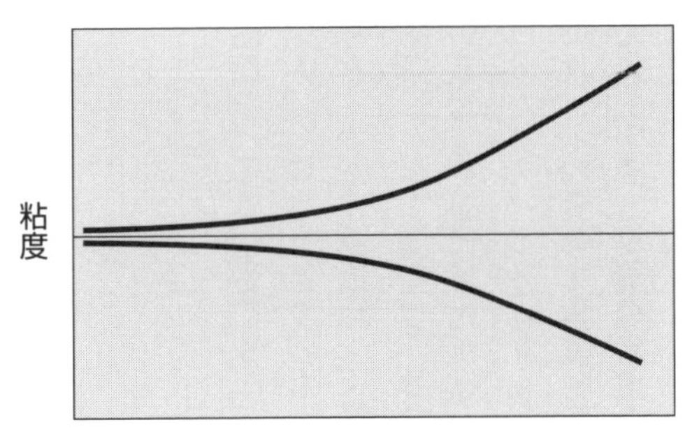

固体状態での違い

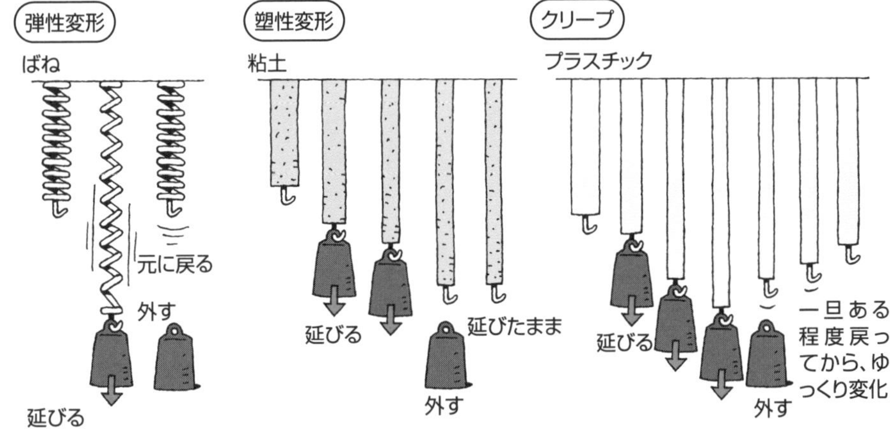

18 プラスチックとSDGs

最近、SDGs（持続可能な開発目標）が話題になっていますね。世界には貧困、気候変動、人種やジェンダー差別など、いろいろな課題がありますが、それらを17の目標に設定しているものです。この中で、プラスチックに最も関係しているものは環境問題でしょう。

このプラごみ問題は、ごみ全体の問題の中のほんの一部ではあるのですが、やはり便利さゆえに今後も需要が増え続けていくプラスチックの環境対策は重要です。また、プラスチックが石油を原料としている点から、地球温暖化ガスとも関係した問題としても取り上げられています。廃棄したごみが時間とともに腐敗して土に戻ってくれればいいのですが、プラスチックは本来、軽い、加工しやすいことに加え、腐らない（長持ちする）点がメリットですから、皮肉なものです。

プラスチックの処理としては、以前から「減らそう（Reduce）」「再利用しよう（Reuse）」「他のものにリサイクルしよう（Recycle）」の３Rがありました。Reduceに関しては、ストローやカップラーメンカップ、プラフォーク・ナイフなどの他の物への代替化が盛んですね。Reuseは、プリンターのインクケースの例があります。Recycleには、粉砕して再度材料として使う場合や、元のプラスチック前の状態の液体まで戻したり、燃やして燃料とする方法があります。

２０２２年４月からはこれに加えて、「プラスチック資源循環促進法（Renewable）」が施行されました。これは、再利用しやすい材料選定、分解しやすい製品設計、分別しやすい構造など、プラスチックのライフサイクル全体を考えて環境問題に取り組む製品設計というものです。使った後処理だけでなく、製品設計という源流まで遡った環境問題対策になります。

要点BOX

- ●環境問題としてのプラスチック
- ●メリットが処分の上でのデメリットになる
- ●製品設計の段階から見直しを

3Rとリニューアブル

3R	Reduce(リデュース)	製造のために消費する資源を減らす
	Reuse(リユース)	使用済み製品を繰り返し使用する
	Recycle(リサイクル)	廃棄された製品を原材料として利用する
Renewable(リニューアブル)		製造に使用する資源を再生が容易なものに置き換え、廃棄を前提としないものづくりをすること

バイオマスプラスチック利用もリニューアブル

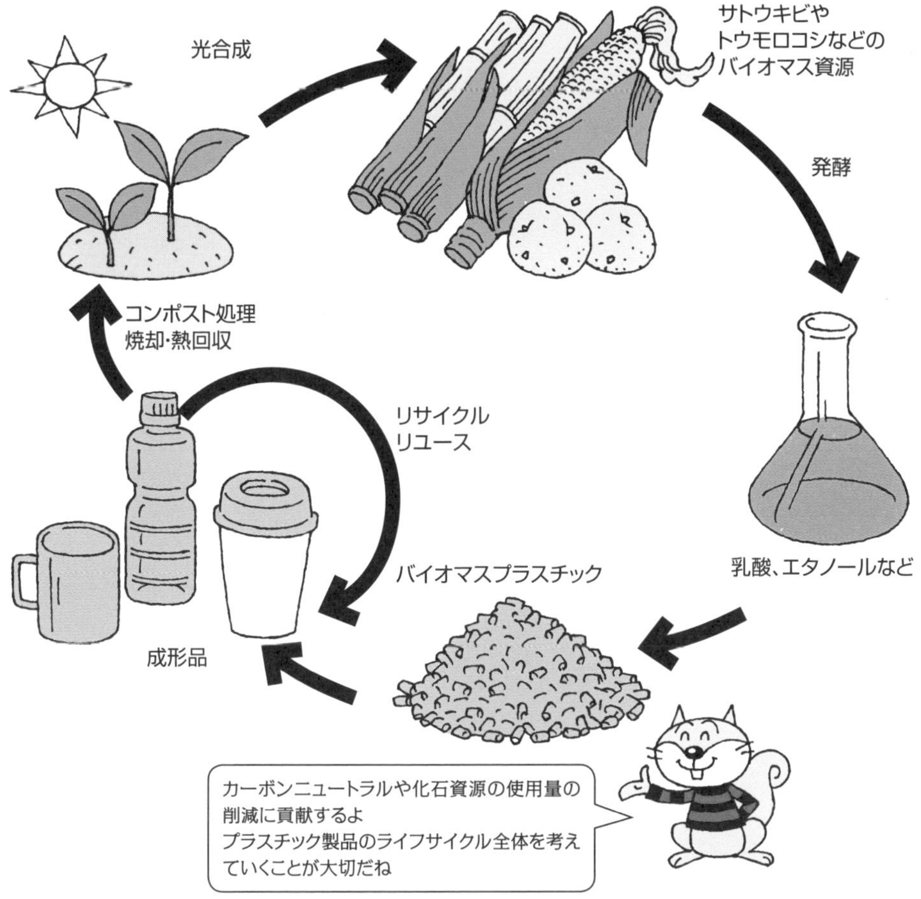

Column

塩ビを悪者にしたのは集団心理?

プラスチックという言葉は、本来の意味よりもずっと幅広く使われています。その他にも、ビニール袋、ポリ袋などの言葉も一般化していますね。ポリとは、ポリマーのポリです。ビニールとはポリマーの中の一種で、塩ビ(ポリ塩化ビニルや、ポリ塩化ビニリデンなど)が化学的にビニル結合というものでできたもののことです。

ポリ袋には、ポリエチレンやポリプロピレン、ポリ塩化ビニルなどが使われています。スーパーマーケットのレジ袋は、ポリエチレンです。ビニール傘も、元はポリ塩化ビニルが使われていましたが、いまでは他の材料に変わっていても、ビニール傘と呼ばれますね。言葉というものは、時代とともに変化してきている例はたくさんありますが、プラスチックの世界でも同じなのです。

塩ビで思い出されるのが、1990年代のダイオキシン問題です。当時、ダイオキシンの最大原因が塩ビであるとする説から、世界中で塩ビが悪者にされました。3年に1度、ドイツのデュッセルドルフで世界最大のプラスチックショーが開催されるのですが、20数年前に参加したとき、ドイツの人達が「塩ビはダイオキシンの元だから、いまのドイツで塩ビなんて使うことはない」とまでいっていたのには驚いたことがあります。街中でも塩ビは悪者扱いでした。

しかし、塩ビは、従来も現在でもいろいろなところで使われている非常に便利な材料なので、急になくすと大変なことが起こります。当時は、日本でもテレビや新聞でも塩ビは悪者扱いでした。いまでは、塩ビがダイオキシンの直接の原因ではないことはわかっていますが、あれだけ大騒ぎした塩ビダイオキシン問題の話もなかったかのようにいつの間にか消えてしまいました。このような話はいつの時代にもあることですね。

1973年のオイルショック時にはトイレットペーパーが売り切れた話や、原子力問題で電力問題が大きく騒がれたときもあれば、背に腹は変えられないと復活の話もありますね。悪意はなくても何かが大きな問題になると、突然、世の中全体が1つの方向に動かされるような、怖い話だと思いませんか。

第3章 射出成形の基礎

19 射出成形はどんなもの？

さて、ここから射出成形に入っていきましょう。まず射出成形の「成形」の「けい」は「形」や「型」が使われています。過去には「射出成型」の字が使われていたこともありますが、現在では「射出成形」が主流となっています。「成形」はその字の如く「かたちを成す（作る）」ですが、「成型」は「型を使って成す（作る）」という意味なのでどちらでも正しいことにはなります。

ちなみに英語では、Injection Moldingと注射成型という意味になります。Moldには、「型」と「成形する」の両方の意味があります。金型は英語では「tool」（工具、道具）が使われることが多いです。

漢字の本場の中国では、射出成形は「注塑成型」です。塑性物（プラスチック）を型に注ぐと書きます。塑性については第2章で簡単に説明しましたが、力を加えると変形したまま元に戻らない粘土のようなものです。ただ、当然漢字ですし、中国には日本から逆輸入されている言葉も多くあるので、日本語の射出成形でも通じます。台湾では「射出成型」が使われています。

なぜ英語や中国語の説明までしたかというと、射出成形の意味が理解できるからです。塑性物（プラスチック）を金型に注入して、製品の形を作る方法だということですね。

一般的な熱可塑性樹脂の成形は、①熱を加えて樹脂を溶かして塑性状態とし、②それを金型に注入（射出）して、③冷却して固めたのち、④取り出すという工程が射出成形の概要になります。

昔（1950年代）の手動式射出成形機は、この原理を使って溶かした樹脂を、万力で締め付けた金型に手動で押込んでいたのですから、原始的な原理であることは変わっていないのです。

要点BOX

- ●日本での主流は「射出成形」
- ●中国では「注塑成型」だが「射出成形」も通じる
- ●言葉には本来の意味が表現されている

射出成形を表す言葉

言語	単語	意味
英語	Injection Molding(注射成型)	注射して形を作る
中国語	注塑成型	塑性物を注いで形を作る
以前日本語	射出成型	成型(金型で作る)
現代日本語	射出成形	成形(形を作る)

射出成形

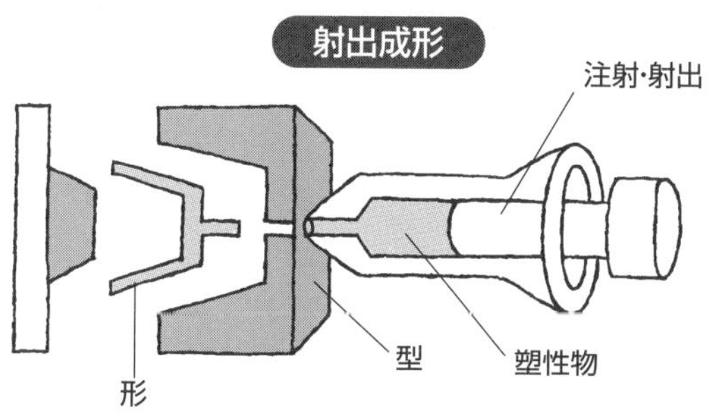

手動式射出成形機

20 射出成形をもう少し詳しく知る

射出成形の概要がわかったところで、もう少し詳しく見ていきましょう。ここでは注射器で金型に樹脂を射込んで成形する過程をイラストで解説します。

まず、注射器内部には製品分より少し多めの溶かされた樹脂が入っています。次に、金型を閉じます。この時、車同様、発進時から停止までは低速―高速―低速と段階的に動かします。そして、もし金型に異物などが挟まっていると金型を壊すので、さらに低速かつ弱い力で安全を確認しながら、可動側と固定側を接触させていきます。その後、大きな型締め力で締め付けるのです。大きな型締め力が必要な理由は次項で説明します。

注射器の先端（ノズル）が金型の樹脂の入口に接触します。射出時にノズルから樹脂漏れしないような力で押し付けておきます。それから注射器の中の溶けた樹脂を金型の中に射出し注入していくのです。詳細は後述しますが、この工程には、樹脂を隅々まで押込む射出工程とその後、押込み状態を保持する保圧工程という2つの工程が含まれています。

そして、金型の中で冷やされるのを待つのです。金型は水などで冷やされています。製品が冷やされている間に、注射器は、次の成形用の樹脂を溶かして準備しておきます。樹脂を溶かすことを可塑化と呼び、製品の量だけ可塑化しておくことを計量（量を計っておくこと）と呼びます。

製品の冷却が十分に行われたら、強い型締め力から一旦力を開放する型締め弛緩(しかん)をしたのち、低速―高速―低速の順番で金型を所定量開きます。所定量というのは、製品が取り出せる程度の開き量です。あとは、製品を突き出して製品を取り出し、次のサイクルを繰り返すのです。

要点BOX
- ●金型を閉じる時は、低速―高速―低速
- ●溶かした樹脂を射出し注入、金型の中で冷やされるのを待ってから取り出す

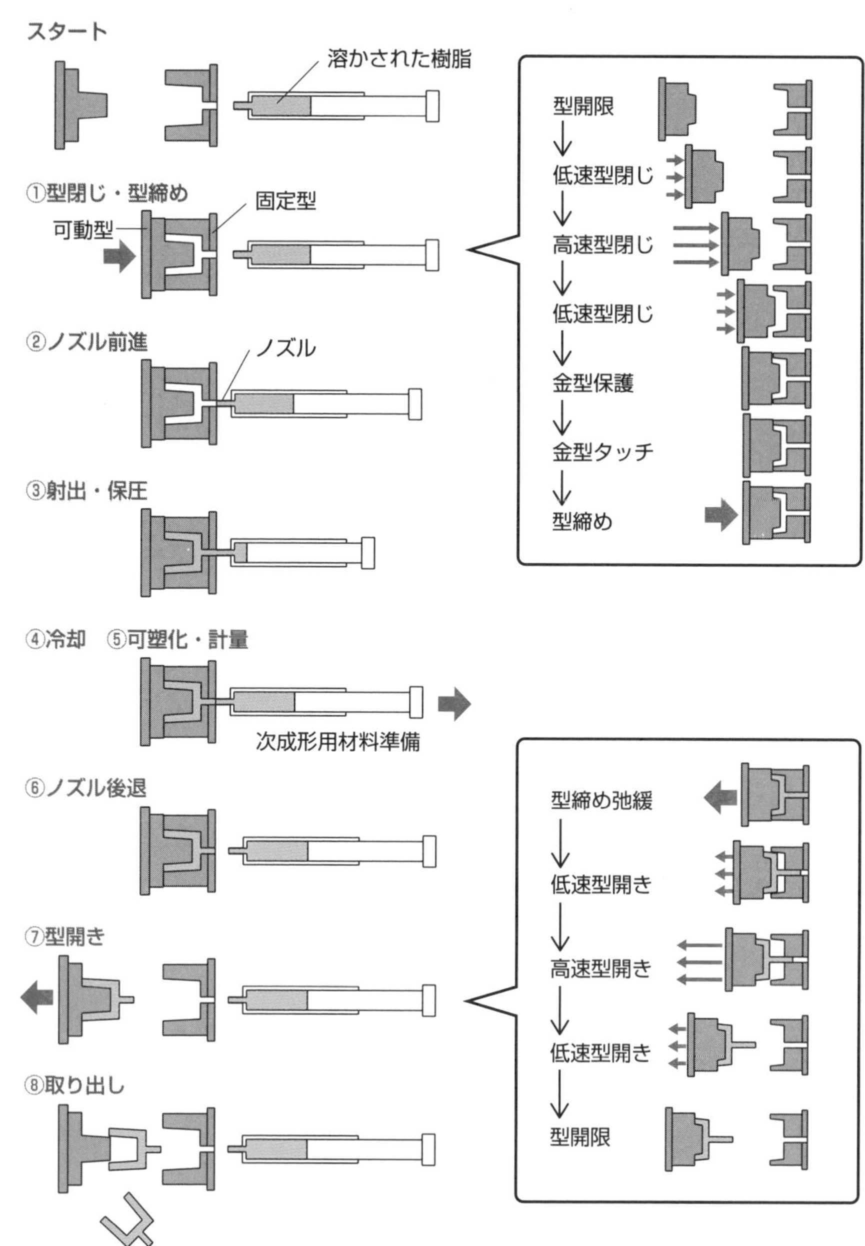
射出成形の流れ
スタート
溶かされた樹脂
①型閉じ・型締め
固定型
可動型
②ノズル前進
ノズル
③射出・保圧
④冷却　⑤可塑化・計量
次成形用材料準備
⑥ノズル後退
⑦型開き
⑧取り出し
型開限
低速型閉じ
高速型閉じ
低速型閉じ
金型保護
金型タッチ
型締め
型締め弛緩
低速型開き
高速型開き
低速型開き
型開限

21 製品作りに必要な射出成形機

3つのポイント

射出成形の基礎的な動作が理解できたところで、ある製品を作るために必要な射出成形機の条件を説明しましょう。大きなポイントは3つあります。

①金型を取り付けることが可能で、かつ、成形品を取り出すことができる大きさの機械であること

金型は型盤と呼ばれる面に取り付けられますが、動かすガイド用タイバーもあります。この中に金型を取り付けられる機械でなければなりません。さらに、金型を開いた後で、取出機などが入る余裕もあり、冷えた成形品が干渉することなく取り出せる必要もあります。

②製品分に足りる溶融樹脂の計量ができること

これは射出側の条件です。製品を完全に充填できる樹脂量の準備が必要です。溶融時には樹脂は膨らんでいるので、射出容積にも余裕を見込んでおきます。

③製品部に樹脂を射込む時に金型が開かないこと

射出成形の機械側の圧力は100MPa以上であり、金型内部でも平均圧力は20MPa～50MPaと高圧です。この圧力で金型が開いて樹脂が漏れ出して、バリが発生すると、製品としては使い物になりません。樹脂圧力が金型を開こうとする力は、平均樹脂圧力と製品の投影面積に比例します。この力以上の型締め力を有した機械が必要となることは、理解できると思います。

必要樹脂圧力は、粘度が高い場合や製品が薄い場合、流れ長さが長い場合などには高いことが要求されます。すなわち、樹脂の種類や製品厚さ、流れ長さ、製品の要求品質などによって平均圧力は異なりますが、すでに、この平均圧力の概略は一般的に知られているので、その値を使って事前に概略必要型締め力を知ることができます。

要点BOX

- ●金型を取り付けられる大きさの機械
- ●溶融樹脂の量には余裕を持つ
- ●樹脂圧力以上の型締め力は必須

射出成形機の条件

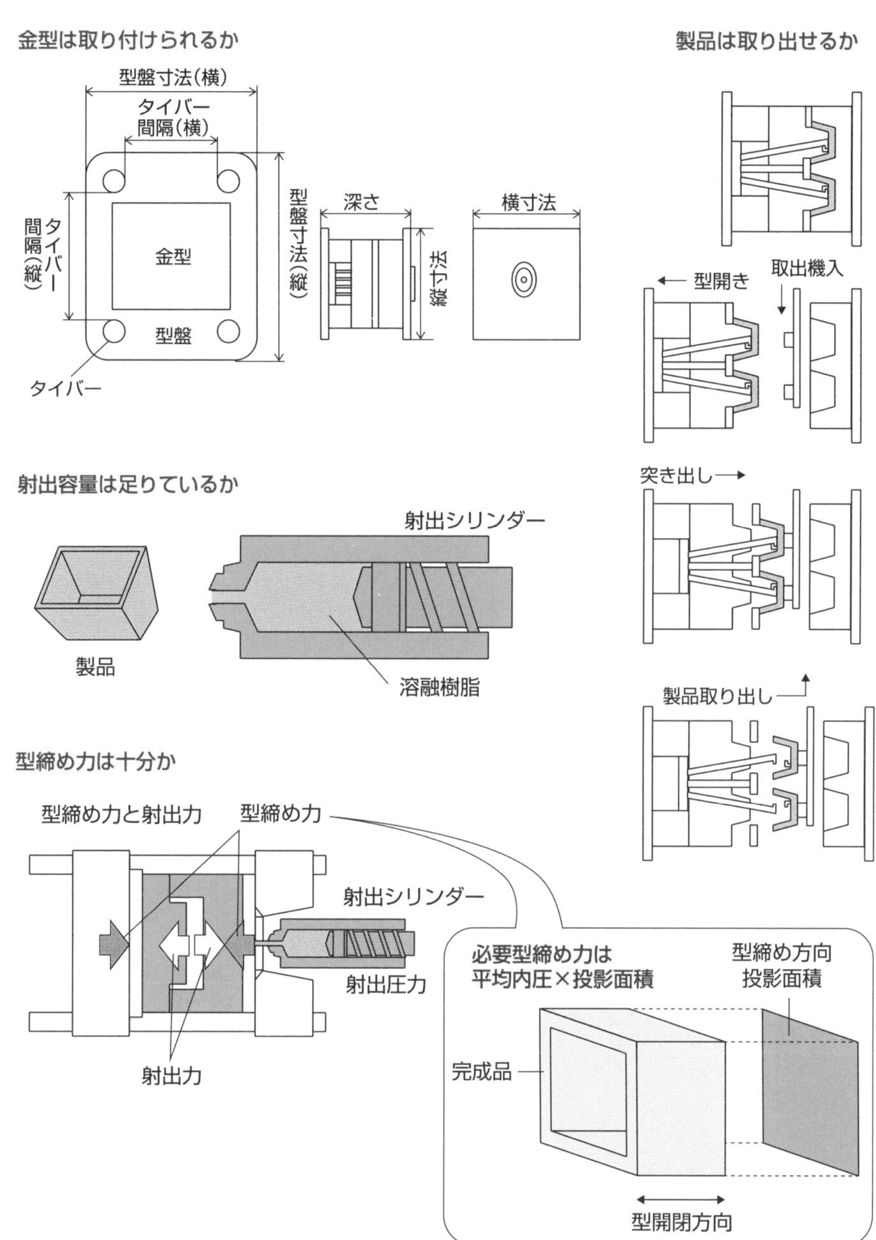

金型は取り付けられるか
型盤寸法(横)
タイバー
間隔(横)
タイバー
間隔(縦)
型盤寸法(縦)
金型
型盤
タイバー
深さ
縦寸法
横寸法
製品は取り出せるか
型開き
取出機入
突き出し
製品取り出し
射出容量は足りているか
射出シリンダー
製品
溶融樹脂
型締め力は十分か
型締め力と射出力
型締め力
射出シリンダー
射出圧力
射出力
必要型締め力は
平均内圧×投影面積
型締め方向
投影面積
完成品
型開閉方向

22 射出工程と保圧工程

樹脂の押込みと補充

金型に溶融樹脂を充填する工程は、射出と保圧に分かれています。この理由をイラストで説明します。金型の製品部の空間（キャビティ空間）に、溶けた樹脂が入り込んで行く様子を考えてみましょう。

押込む過程で、キャビティ空間にまだ余裕のある場合には、速度を出して押込んでいけます。先が詰まってくるので、押込むに従って必要な力は大きくなります。しかし、一度完全にキャビティ空間に充填し終えると、それ以上は押込むことができなくなります。理屈としては、ここまでが射出工程です。すなわち、押込む速度を調整（制御）できる工程です。

その後、高い温度で溶けていた樹脂が、金型内で冷やされていくと、それまで膨張していたものが収縮を始め、そのままだとべこべこにへこんだ（ひけ）製品になってしまいます。ひけさせないためには、その収縮分の樹脂を補充する必要があります。これが保圧工程です。この工程は、速度は相当ゆっくりとしたもので、圧力で補充分を押込む時間で調整（制御）します。すなわち、理屈としてはいったん完全に充填し切るまで速度の出せる工程が射出工程、一杯になったあと、速度はもう出せないが少しずつ収縮する分を補充する工程が保圧工程ということになります。

射出工程で溶融樹脂を押込む時、十分な力があれば想定した速度を出せますが、力が足りないと、その力に応じただけの速度しか出せなくなります。保圧の工程で大きな力で押したままだと金型内圧が高くなりすぎて、金型を開いてバリを出してしまいます。そのため、射出工程と保圧工程とでは、速度や圧力設定を個別にできるようにされているのです。30項で再度、制御盤の説明をします。

要点BOX

●金型に溶融樹脂を充填する2工程

●キャビティ空間に押込む速度を調節するのが射出工程。収縮分を補充する工程が保圧工程

射出・保圧工程

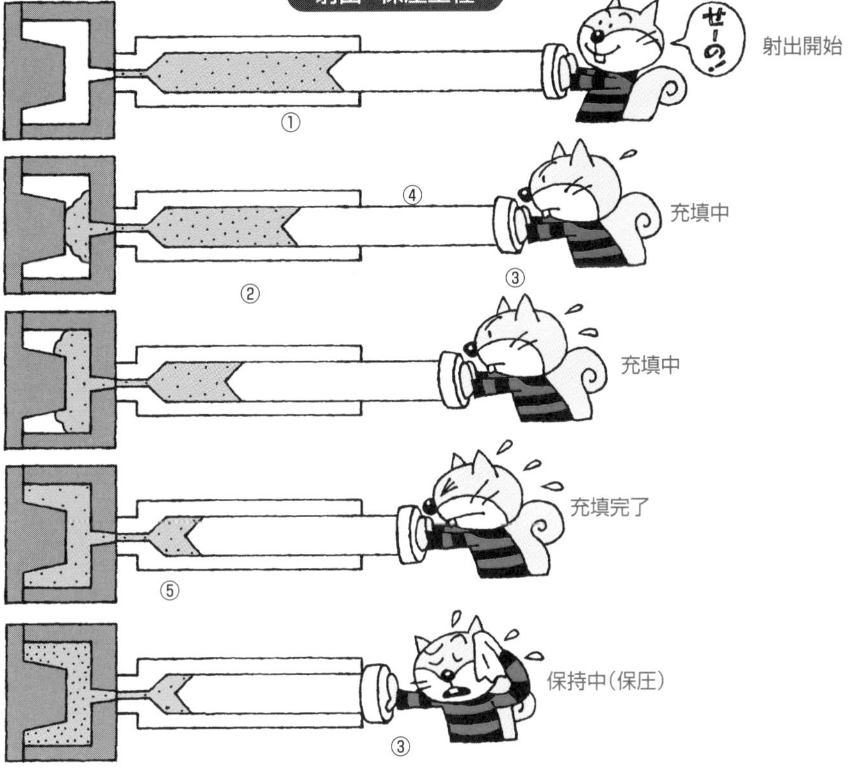

せーの!
射出開始
①
④
充填中
③
②
充填中
充填完了
⑤
保持中(保圧)
③

射出工程と保圧工程の制御例

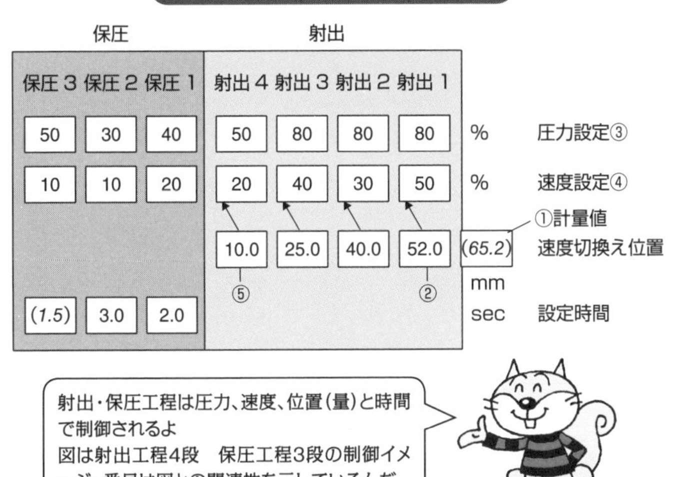

保圧			射出					
保圧3	保圧2	保圧1	射出4	射出3	射出2	射出1		
50	30	40	50	80	80	80	%	圧力設定③
10	10	20	20	40	30	50	%	速度設定④
			10.0 ⑤	25.0	40.0	52.0 ②	(65.2) mm	①計量値 速度切換え位置
(1.5)	3.0	2.0					sec	設定時間

射出・保圧工程は圧力、速度、位置(量)と時間で制御されるよ
図は射出工程4段　保圧工程3段の制御イメージ。番号は図との関連性を示しているんだ

23 射出成形機だけでは成立しない

構成する周辺装置

実際に製品を射出成形するためには、材料、金型、機械以外にも、周辺装置が必要になります。ここでは、一般的に射出成形をするための周辺機器について説明します。

機械の射出側には、材料を溜めておくホッパーがあります。材料袋から作業者が投入することもありますが、通常は、圧空で材料を自動的に輸送するローダーという機器を使います。予備乾燥が必要な材料は、ホッパーに乾燥機の付いたホッパードライヤーという装置を使うことが多いですが、箱型乾燥機で事前に予備乾燥することもあります。

次に、金型を冷却します。冷却する金型の温度は樹脂材料や要求品質によって異なりますが、マイナス10℃~120℃程度です。早く冷却して成形サイクルも短くしたい場合には、0℃以下の媒体を流すこともできるチラーという装置を使うこともありますが、通常は、常温から90℃程度までは、水加熱の温調器を使います。水の沸点100℃以上の場合には加圧水や油が使われます。

そして、冷却された樹脂（製品）は金型が開いて取り出されますが、簡単な製品の場合には、単純に突き出すことで自動落下させ、そのまま次のサイクルに入ることもあります。傷が付くと困るものや、梱包するものなどは、作業者が毎回、手動で製品を取り出すこともあります。ほとんどのケースでは、作業者の代わりに、自動的に成形機と連動した取出機が、型開き後に金型両側の間に入って製品を受け取り、機械の外に取り出します。取出機は射出成形業界では、ロボットと呼ばれることもあります。その他、スプルー・ランナーや不良品をリサイクル利用するために粉砕する粉砕機（クラッシャー）が使われることもありますし、コンベアやホットランナー駆動装置などいろいろな周辺機器があります。

要点BOX
- ●効率性の向上には欠かせない機器類
- ●作業者の負担軽減にも貢献
- ●この他にもいろいろな周辺機器がある

射出成形機と周辺装置

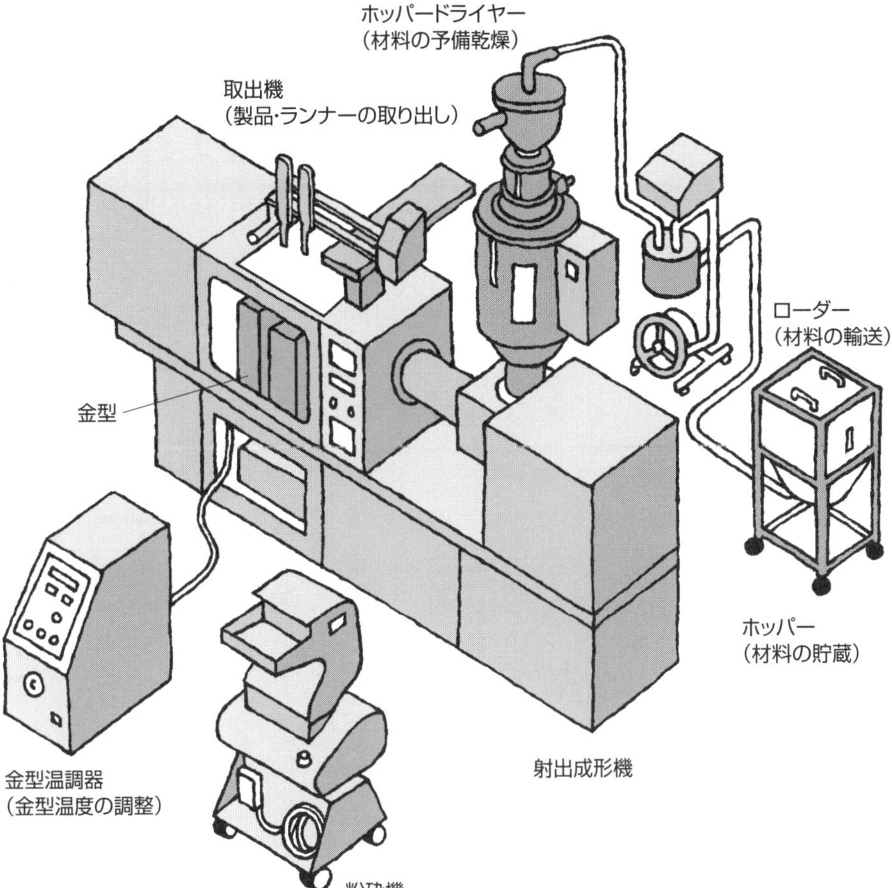

ホッパードライヤー
（材料の予備乾燥）

取出機
（製品・ランナーの取り出し）

ローダー
（材料の輸送）

金型

ホッパー
（材料の貯蔵）

金型温調器
（金型温度の調整）

射出成形機

粉砕機
（ランナー・不良品の粉砕）

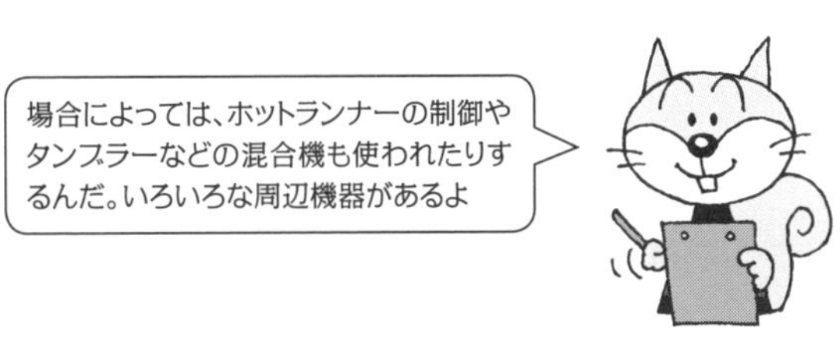

場合によっては、ホットランナーの制御や
タンブラーなどの混合機も使われたりす
るんだ。いろいろな周辺機器があるよ

24 射出成形工場を覗いてみよう

工場の全体像を知る

ここからは射出成形の工場全体を見てみましょう。中堅の射出成形工場を例に取って説明します。

1日に生産するものが1種類の製品だけというケースは少なく、材料の種類も、金型の種類も多種多様なのが現状でしょう。そのため、材料置き場、金型置き場も必要です。材料交換、金型交換は頻繁に行われるので、金型の取り付け・取り外しのためのクレーンも必要です。金型交換の効率化のために金型を機械に取り付けやすくする装置を備える工場もあります。成形材料も集中管理して材料ストック場からローダーで各成形機に輸送することも行われます。

その他、製品や金型を運ぶためのフォークリフト、パレットなども必要です。機械や金型のメンテナンス用の工具や、メンテナンス場所も必要ですね。

成形機から取り出された製品は、そのまま箱詰めされることもあれば、ひとまず製品をストックしておく場合もあります。そのため、製品の在庫場所も必要ですね。在庫を極力少なくすることは重要ですが、製品納入先や材料供給側にも、いつ何が突発的に変化するかわからないので、最低限の余裕分は在庫として持っておき、安全を期しておく必要があります。

いろいろな設備や機械を冷却するために、工場の外にクーリングタワーというものがありますが、これは工場だけでなくビルの屋上などでもよく見かけるものですね。

当然、工場には現場事務所もありますが、その他にも、製品を検査する品質管理の場所や部屋も必要になります。工場で最も大切なことは安全(Safety)ですが、この他には「5S（整理・整頓・清掃・清潔・躾(しつけ)）」が重要です。安全と5Sは、日本以外の海外工場でも日常的に見られる光景です。

要点BOX

●射出成形工場の姿
●ある程度の在庫は確保する
●工場に必要な「安全」と「5S」

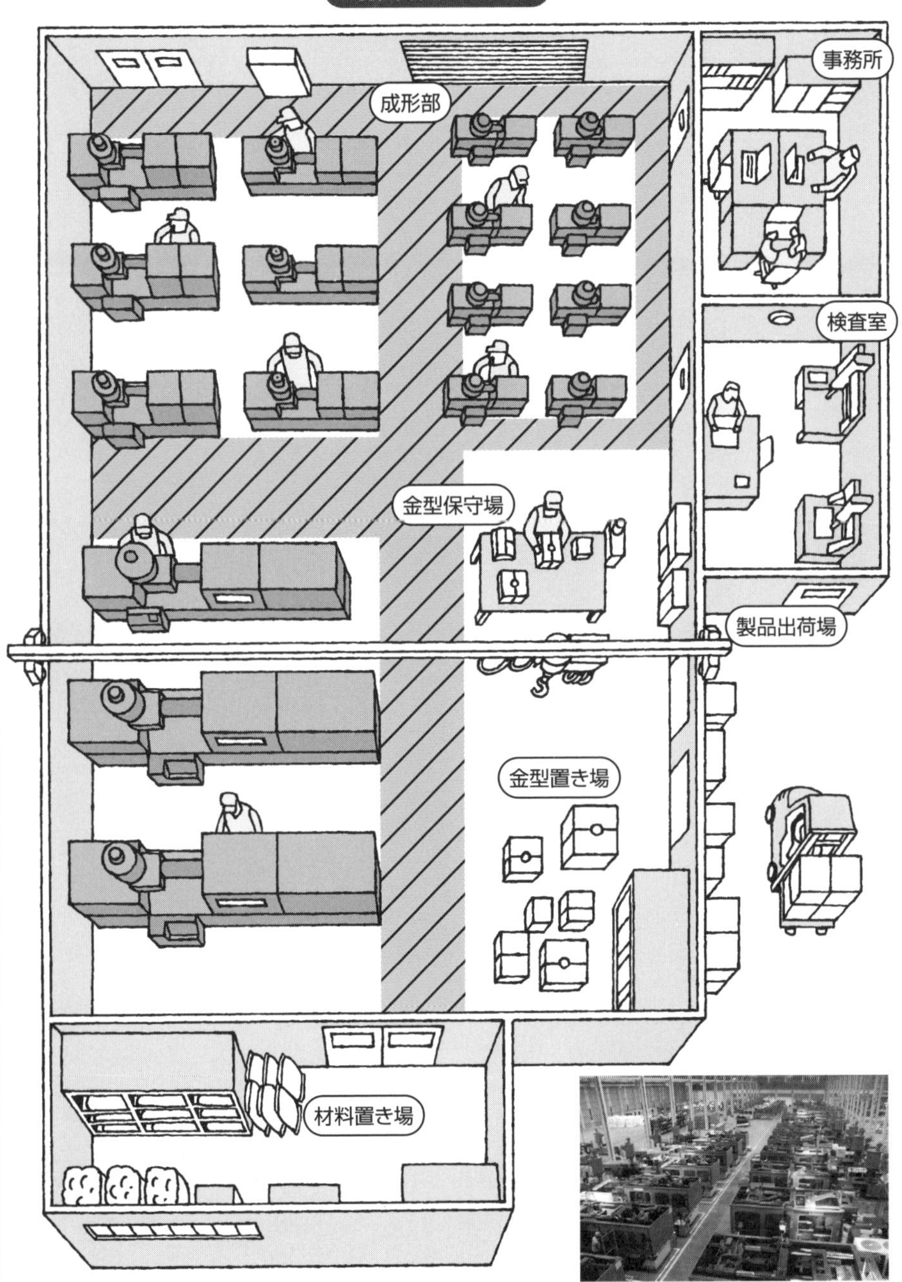

実際の成形工場例

Column

誰でも作れた時代から AI分析の時代へ

40年も昔のことですが、「士農工商土建プラ」といわれていたことがあります。士農工商という言葉は、いまの教科書からは消えているそうなので、若い人たちは習っていないかもしれません。士農工商は、江戸時代の身分の序列を示すものとして教えられていましたが、その言葉が身分の序列とは関係なかったことが判明したからだそうです。この昔教えられた士農工商の下に、土建とプラスチック産業があるという自虐的な意味の言葉です。

土建、プラスチックは3K（きつい、汚い、危険）現場で、仕事の環境が厳しく、大変な業界だというのです。日本の高度成長期の話なので、3Kでも仕事は結構あり、大いに儲かる業種だったようです。猫も杓子も機械を購入して仕事を始めるということも起きていました。筆者も、家内工業的に普通の民家が小型の射出成形機を買って、仕事を受注しているようなところをいくつか見たことがありますが、技術的なことはほとんど知らない状況でも製品を受注できるほど、需要に溢れていたという、いま考えれば不思議な時代です。そんな時代ですから、「射出成形のプロ」と自称する天狗になる人たちもたくさんいたものでした。射出成形には金型も重要なので、金型メーカーも同様でした。

いまはそれではやっていけないことは当然です。1988年に我が国でプラスチック成形加工学会ができ、樹脂、金型、機械などの分野の技術専門家も参加して、この分野もアカデミックな活動となり、成形不良問題に関しても多くのことが理論的にわかってきています。しかし、このような3K現場と技術者との距離をいかに縮めるかはいつの時代でも課題かと思います。

これからは、IoTを駆使して効率化を図ることも当然行われていくでしょうが、成形技術の分野は、技術者が想像するより結構厄介で、思うように進まず苦戦している人たちも多いのではないでしょうか。

過去に統計解析を駆使して成形不良対策を試みた時代もありました。統計処理を使うAI（人工知能）も、もっと3現（現場、現物、現実）に入り込んだ活動が行われるようになれば、この分野も大きく変われる可能性は大いにあると思います。

第4章 射出成形機を知る

25 型締め装置のいろいろ

直圧方式とトグル方式

射出成形機は①金型を取り付ける型締め装置、②樹脂を押込む射出装置、そして③樹脂を溶かす可塑化装置に大別されます。まず、型締め装置について紹介します。

型締め装置のイメージとして最も簡単なものは、直圧方式という直接ピストンで締め付ける方式です。油圧方式は、シリンダーの断面積に油圧の圧力を乗じたものが力となり、型締め力を発生します。ただ、この大きなシリンダーにそのまま作動油を入れて動かす場合、大量の作動油が必要になります。そこで、あまり力は必要としないけども速度が重要な型開閉の工程では、型締め用とは別の細い型開閉用シリンダーが使われます。

これらの型締め方式では、可動盤を中に挟んで、固定盤と反力盤とを結んだ4本のタイバーを可動盤が滑るように動きます。3つの盤（プラテン）があるので、3プラテン方式と呼ばれます。

金型を取り付ける部分は、固定盤と可動盤です。反力盤で可動盤を押すので、装置が長くなります。可動盤を押し付けるかわりに、可動盤に固定された4本のタイバーを、シリンダーで固定側に引っ張り込む方式もあります。反力盤がないので、2プラテン方式と呼ばれ、機械全長を短くしたい大型成形機に特に採用される方式です。

直圧方式に対して、てこ方式で動かして、金型を締め付ける方式をトグル方式といいます。これは巧みな機構で、細い油圧シリンダーで速く動かしても、トグル自体の構造から、型開閉中の型盤は速い速度で動き、型締め時には自然と速度が低下していきます。てこの原理なので、速度が遅いところでは強い力が出せるというものです。トグル式は、3プラテン方式になります。

要点BOX
- ●直圧方式とトグル方式の違い
- ●2プラテン方式と3プラテン方式
- ●大型成形機に多い2プラテン方式

3プラテン直圧方式

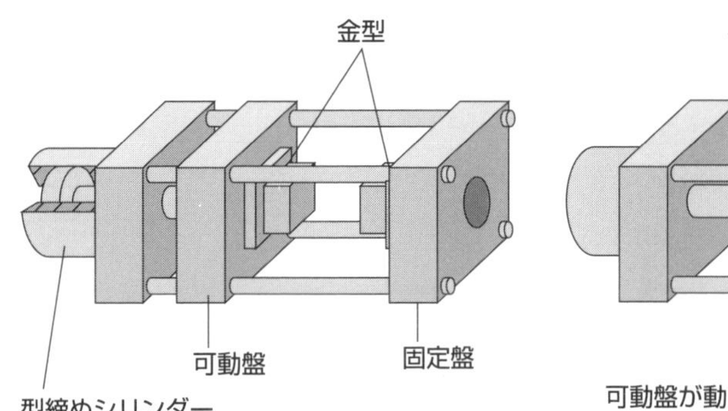

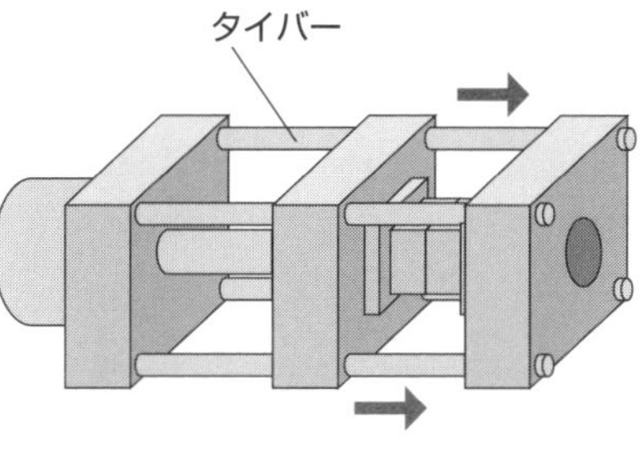

可動盤が動いて金型を閉める

2プラテン直圧方式

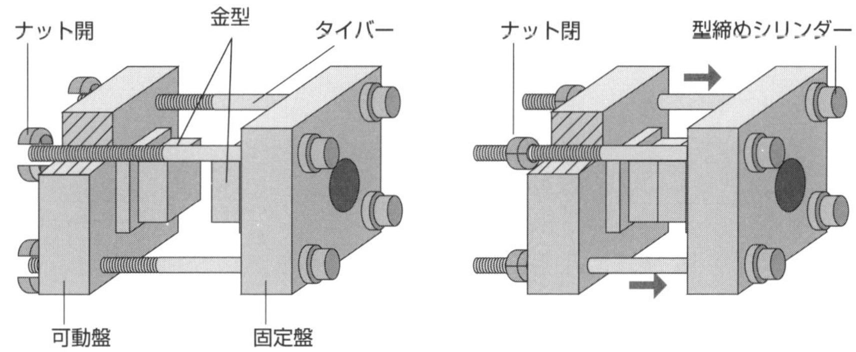

3プラテントグル方式

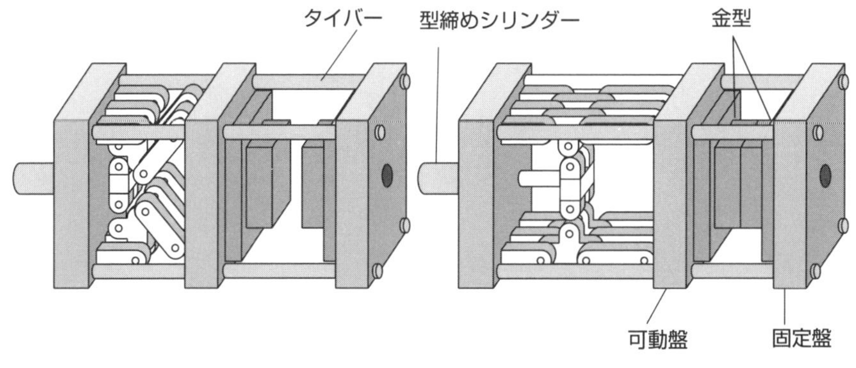

26 直圧とトグル

圧縮量と力

直圧方式の型締め力は、型締めシリンダー内の圧力に比例するので、この圧力を調整すればいいことは容易にわかりますが、トグル方式になるとちょっと複雑です。トグル方式はてこを構成しているリンクが伸びる直前から金型を押込むので、この動くストロークを決めます。もし、可動側と固定側の金型とに隙間が空いていてもトグルは伸びきることはできますが、この時の型締め力は当然発生させることはできません。

金型全体を圧縮し、型締め力を発生させます。弾性体に力を加えると縮みますが、この縮む程度は力に比例します。トグル機は、この縮む量を圧縮することで型締め力を発生しているのです。この比例定数は、金型と機械全体のばね定数となるので、同じ大きさの金型で同じ圧縮量でも金型の剛性によって型締め力は違ってくることになります。簡単な式で書くと、F＝K・ΔL（F：型締め力、K：比例定数、ΔL：圧縮量）の、Fを直接変えることで型締め力調整するのが直圧方式、ΔLで調整するのがトグル方式なのです。

圧縮を発生させる直前位置で、型締め装置の基準点を調整することを型厚調整といいます。デーライトというのは、可動盤が固定盤に対して最大に開いた距離のことですが、直圧方式では固定数値になります。その間に金型を挟むので、最大型開きの量（最大型開きストローク）は、デーライトから金型厚さを引いた数値になります。これに対して、トグル方式では、リンクの動きで最大ストロークが決まるので、金型厚さには関係しません。しかし、金型厚さによって、可動盤と反力盤を動かして、型締め装置の基準点を調整するので、デーライトは最大型開きストロークに、機械が取り付け可能な最大金型厚さを足したものとなります。

要点BOX

- ●トグルの型締め力調整は複雑
- ●トグル機は圧縮量分で発生する型締め力
- ●F=K・ΔL

デーライトの関係

直圧方式

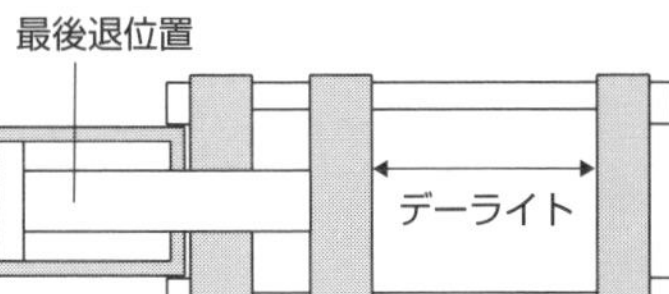

トグル方式

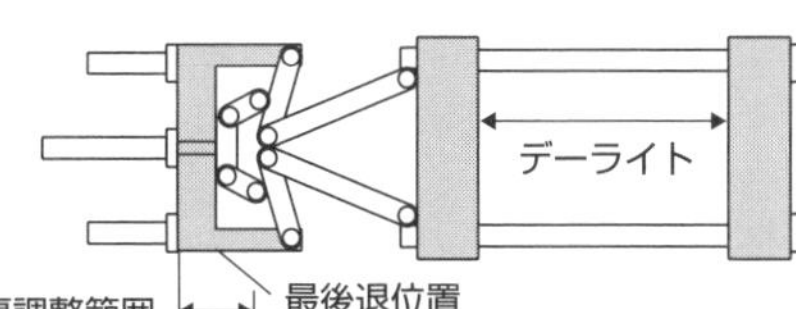

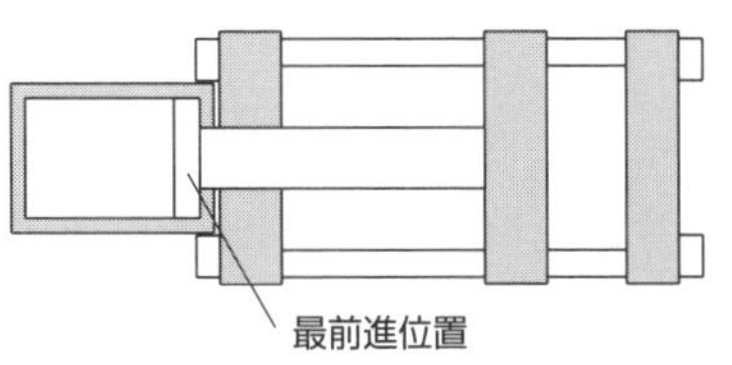

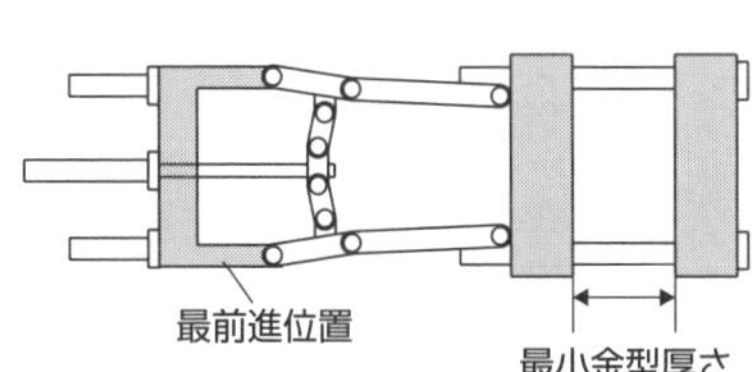

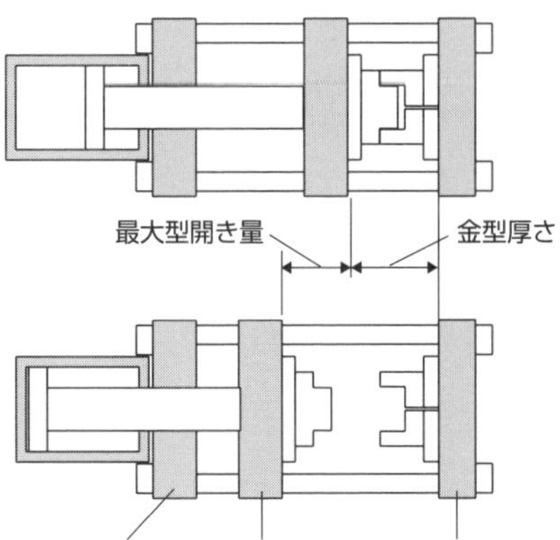

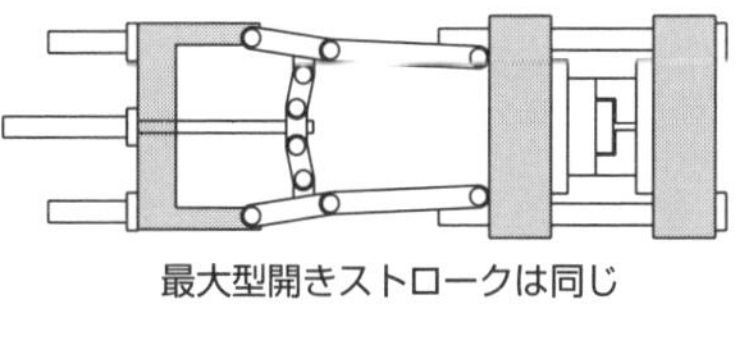

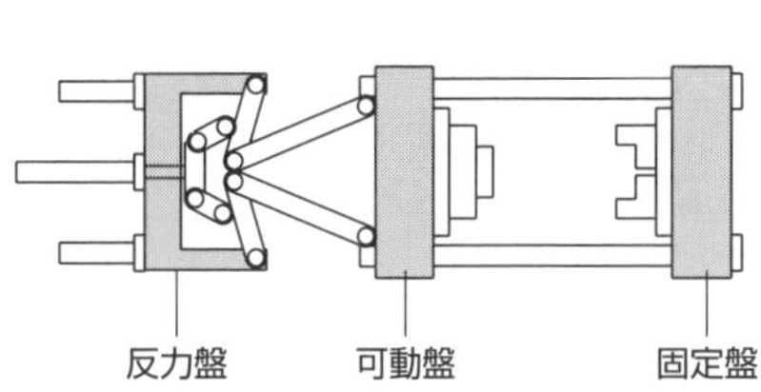

型締め力

力 F を直接コントロールする直圧
圧縮量ΔL を制御して力 F を出すトグル

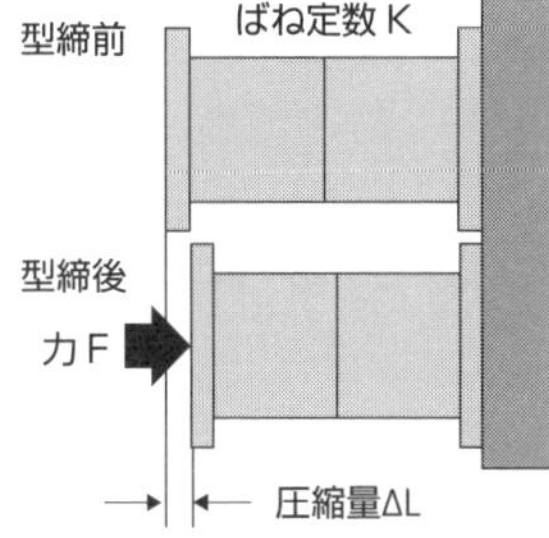

実際には機械も
圧縮されるけれど、
話が複雑になるので
ここでは省略するよ
他にも、型厚調整の必要な
方式もあるんだ

27 射出装置

溶融樹脂を流し込む

型締めされた金型に溶融樹脂を流し込むのが射出装置です。溶融樹脂の粘度は樹脂によって違いはありますが、樹脂流路を通して製品部まで流し込むためには、相当高い圧力が必要になります。必要な型締め力のところで説明したように、金型内での平均内圧でも、PC（ポリカーボネート）などは40MPa～50MPa必要なので、流動抵抗を考慮すると、射出側では150MPa～200MPa程度の高圧を発生させる機械ということになります。

古くは、樹脂を均一に溶かすため、熱いシリンダーに樹脂を押し付け溶かすトーピードという部分を付けたプランジャー方式もありますが、効率も悪いので、いまでは使われていません。

その後、次の成形用の溶融樹脂を事前に可塑化しておく方法が採用されました。この可塑化に、先のプランジャーを使った方式もありましたが、いまでは使われることはなく、可塑化は効率のいいスクリューで行い、射出はプランジャーで行うスクリュープリプラ・プランジャー射出方式は、いまでも一部残っています。プリプラとは、あらかじめ（pre）可塑化（plasticizeのpla）のことです。

現在、最も一般的なものは、インラインスクリュー方式です。押出機のスクリューが前後進するイメージで、スクリュー自体がプランジャーの射出装置の役目もします。スクリュー回転中の可塑化時には溶かした樹脂が前方に送られ、それとともにスクリューが後退して計量します。射出時には、スクリューが前進して溶融樹脂を射出するのですが、この時、スクリュー先端に取り付けられた逆流防止弁によってスクリュー側への逆流を防ぎます。ただし、滞留を嫌う塩ビや熱硬化性樹脂の場合には、逆流防止弁は使われません。この逆流防止弁のトラブル例は158頁を参考にしてください。

要点BOX
- ●製品部まで流し込むために高い圧力を発生
- ●プリプラ方式も一部ある
- ●一般的なのはインラインスクリュー方式

スクリュープリプラ方式射出装置

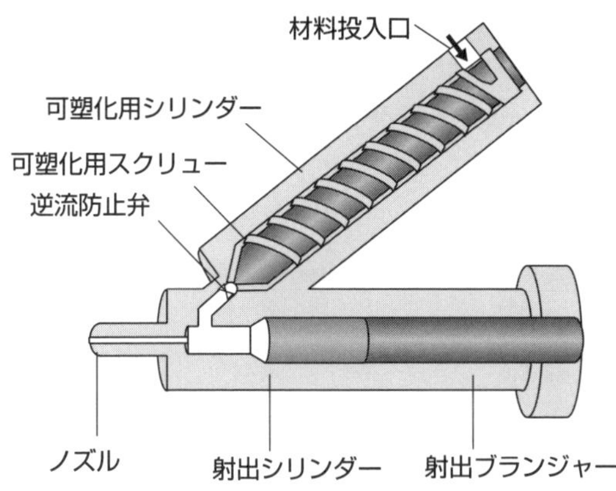

インラインスクリュー方式射出装置

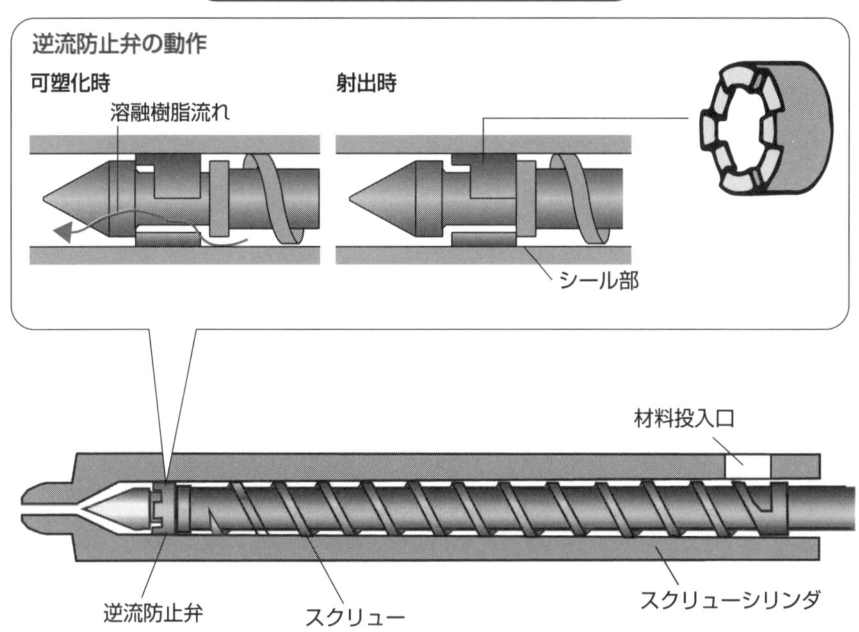

28 スクリューのしくみ

条件が複雑に絡み合う

現在の主流であるインラインスクリュー方式のスクリューについて説明します。このスクリューの設計は結構複雑で、古くから押出成形機のひとつの学問分野となっています。その理由は樹脂の溶け方がスクリューの形状だけでなく、樹脂の熱特性や摩擦係数などいろいろな特性や、温度や回転数などの条件設定も複雑に影響を与え合うためです。

スクリューの基本は一条ねじで、ペレット間に隙間のある材料を送る供給部、材料を送り込みながら圧縮して溶かしていく圧縮部、そして、溶けた材料を安定して先端に送り込む計量部があります。熱した鉄板（シリンダー内壁）にバターを置いて、へら（スクリューのねじ山）を動かして溶かす様子をイメージしてみてください。バターの塊は、鉄板で溶かされた部分がへら部に溜まりながら動いていきます。スクリューでも同じようなことが起きていると考えるとイメージしやすいかと思います。この溶けていない部分と溶けた部分を機械的に分離するために、少し山が低くピッチも長いもう1つのねじ山（サブフライト）を持たせたダブルフライトスクリューもあります。実際には、スクリュー部での溶け方には、先ほどの例とは異なるパターンもあることも知られています。また、この溶け方は成形条件によっても異なってくるので、ダブルフライトとうまくマッチングするわけではありません。しかし、この少し低いフライト部で未溶融樹脂を熱いシリンダーに押し付けながらすりつぶして均一にする効果はあります。

この他にも、先端にミキシング効果を持たせる工夫をした追加部分を持たせた形状などもいろいろ考案、実用化されています。可塑化にかかわるトラブルも結構あるので、158頁も参考にしてください。

要点BOX
- ●スクリューの設計は学問分野になるほど
- ●スクリューの基本は一条ねじ
- ●ねじ山2つのダブルフライトスクリューもある

スクリューと樹脂の溶け方

シリンダー
材料供給部
hm　計量部溝深さ
hf　供給部溝深さ
計量部
圧縮部
供給部
スクリュー

シリンダー
完全に溶融した部分
スクリュー

熱いシリンダーで溶かされた部分
ねじ山でかきとられて溜まっていく部分
シリンダー
ペレット
スクリュー

ペレット

混錬・混合部付きスクリュー

混錬部付きタイプ

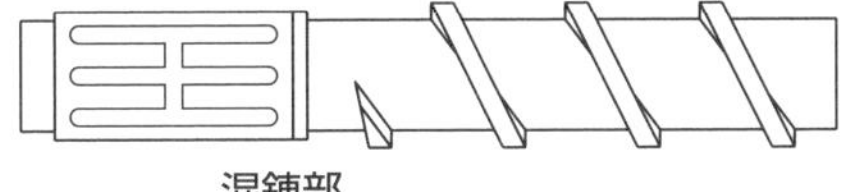

ピンタイプ

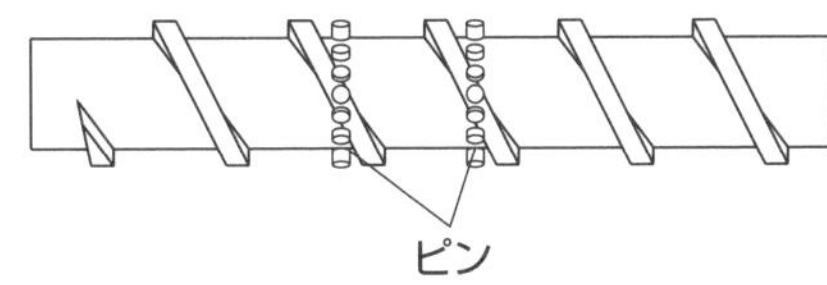

ダブルフライトタイプ

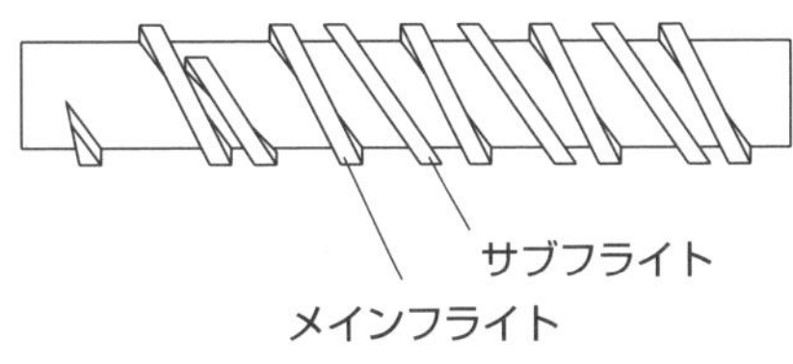

バターの溶けていくイメージ

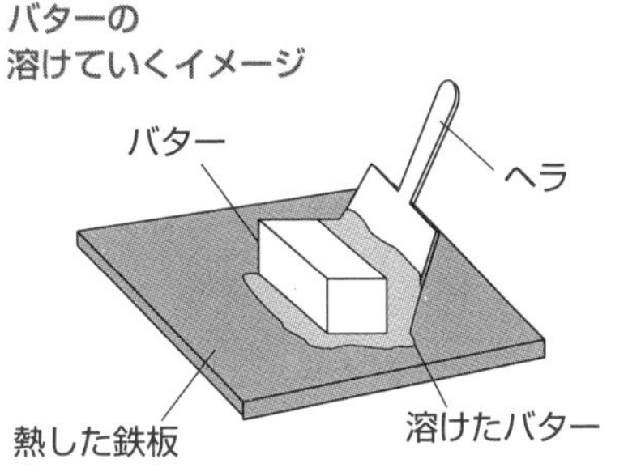

スクリューの場合

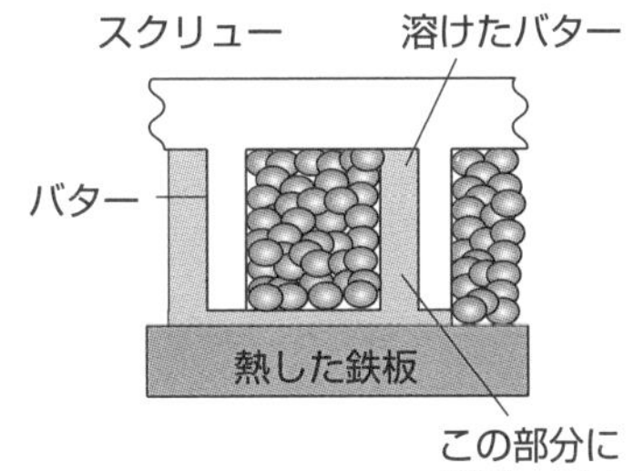

29 固体輸送と溶融部輸送

異なる輸送形態

ここからは、ペレットの輸送状況と溶けた樹脂の輸送状況についてみてみましょう。供給部のペレットを輸送する部分で、もしペレットがスクリューとくっついて、シリンダーとの間がつるつるでペレットが完全にスリップするとどうなるでしょうか。ペレットはスクリューとともに回転するだけで、前方には送られません。ペレットが前方に送られるためには、スクリューとシリンダーとペレットの間に、適度な摩擦が必要です。この摩擦の程度は、スクリューやシリンダー表面の粗さ、ペレット表面の滑り具合、温度、圧力などによっても異なります。

次に、樹脂が溶けている計量部を考えると、溶融樹脂はシリンダー内面とスクリュー表面でスリップはしない溶融体の流動の輸送状態になります。すなわち、固体と溶融部とでは、輸送のメカニズム自体が異なっているのです。可塑化能力の計算は、この溶融部の輸送式で行われますが、もし、固体輸送部で材料がスリップするなどの原因で固体輸送部の能力が溶融部の能力を下がってしまうと、材料押込みによる圧縮度合いも影響を受けることは容易に想像できると思います。

射出成形機では、材料がスクリュー先端に送り込まれ、それがスクリューを後方に押戻していくことで計量するのでしたね。この押戻されることに抵抗を加えると、押戻される速度も遅くなります。この抵抗は、結果的にはスクリューの先端の圧力を高くして、溶融樹脂が前方に送られる量を少なくしているのです。これをスクリュー背圧と呼びます。この圧力は、押出されようとする溶融樹脂に逆流を発生させているので、スクリュー背圧調整も成形条件の1つになります。背圧を高くすると、溶融樹脂はスクリュー溝内での回転分が増え混練効果も増すことになります。

要点BOX
- ●スクリュー、シリンダー、ペレットの間には適度な摩擦が必要
- ●スクリュー背圧は溶融輸送量に影響する

ペレットと溶けた樹脂の輸送のメカニズム

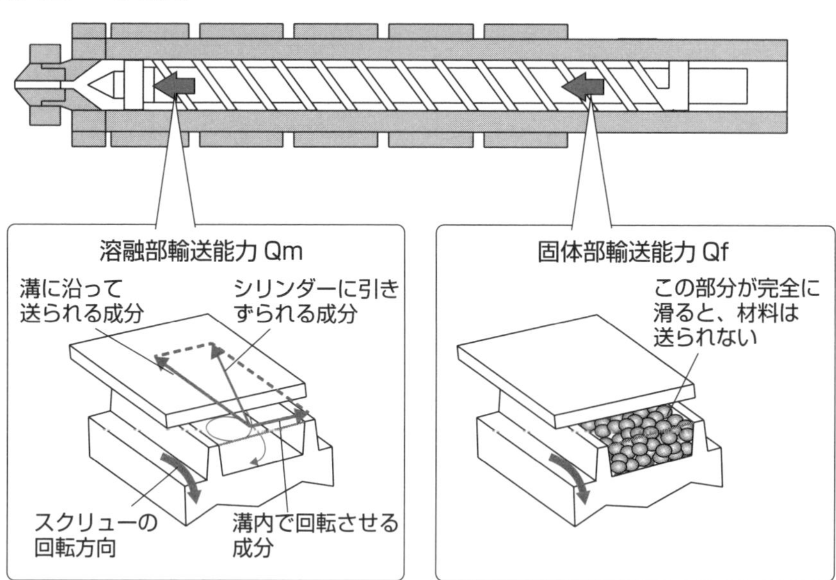

溶融部溝方向の輸送状況

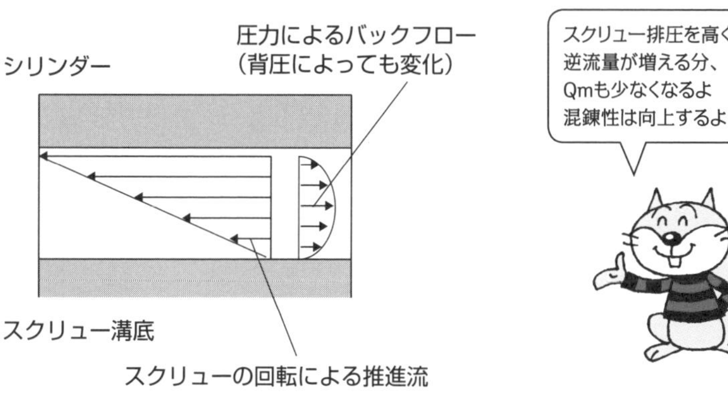

スクリュー排圧を高くすると
逆流量が増える分、
Qmも少なくなるよ
混錬性は向上するよ

30 操作盤と制御装置

基本調整項目は共通している

　最近の操作盤はタッチパネルやスクリーン式のものも増えていますが、イメージをつかみやすいものを左ページにイラストで示します。基本さえ理解しておけば、世界中の射出成形機の操作は車の運転のように可能です。

　操作盤は、全半自動、手動と運転を切り替えたり、型開閉や突き出し、ノズル前後進、射出、可塑化などを手動で動かすスイッチ部があります。

　制御盤は、大別して、型開閉と突き出し、射出と保圧、そしてシリンダー温度、可塑化（スクリュー回転）の工程を細かく設定する部分です。20項で型開閉は低速―高速―低速で動かす話をしましたが、これらは位置で切り替えを行います。型締めに入る前には、金型内に異物もなく正常に金型が閉まることを低速かつ低圧で確認（金型保護）した後に、型締め動作に入ります。型開きも型締めを緩めた後、低速―高速―低速で開いた後、製品突き出し（エジェクト）動作を行います。突き出しも突き出し位置、速度や回数を設定します。

　射出工程の、射出から保圧への切り替えは、通常はスクリュー位置で行います。射出と保圧を合わせた射出保圧時間を設定します。射出も保圧も、速度と圧力が多段に設定できるようになっているのは、成形品に応じて、充填する時の速度調整をしたり、多段の保圧で寸法調整やひけ調整などを行うためです（48 49項）。射出工程は位置切り替え、保圧工程は速度が微速なので時間切り替えです。

　シリンダー温度は、樹脂に応じた温度設定をします。可塑化工程は、スクリューの回転速度と背圧設定を行います。これも多段設定になっているものが多く、計量完了前で回転速度や背圧を低下させることで、計量位置の安定化に役立ちます。複雑なように見えますが、成形工程をざっと理解していればそんなに難しいものではありません。

要点BOX
- ●操作盤では全自動、手動の運転を切り替える
- ●制御盤では各工程を細かく調整
- ●速度や圧力の切り替えは位置や時間で制御

いろいろな機械の操作盤・制御盤

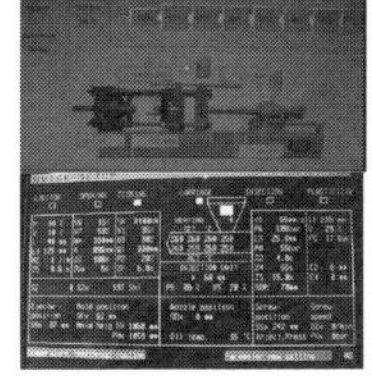

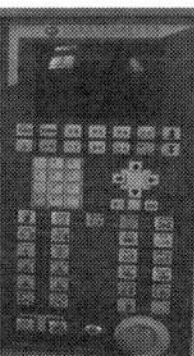

射出成形機の基本的操作盤・制御盤

操作盤

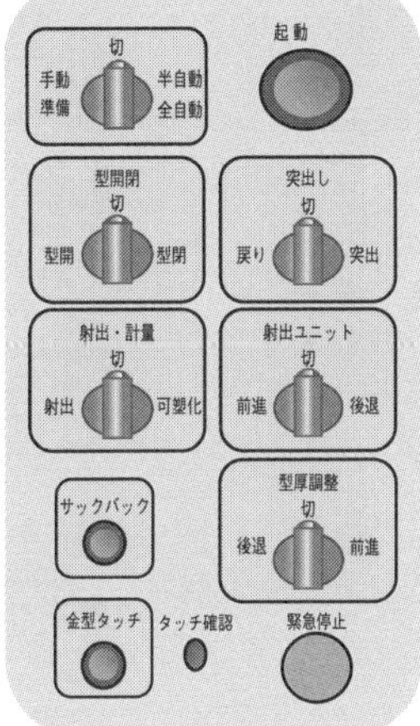

制御盤

④シリンダー温度設定　③射出保圧設定

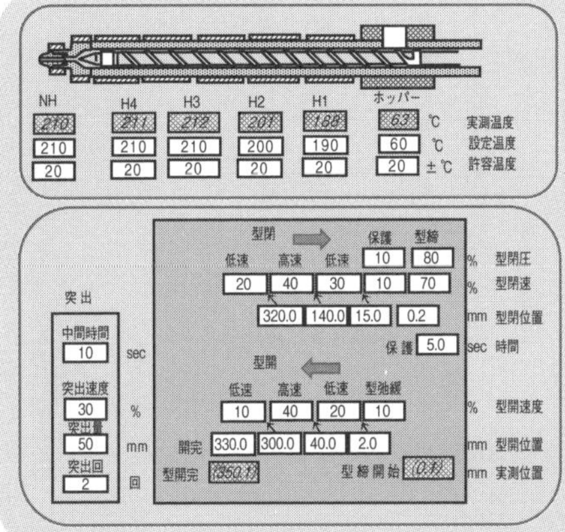

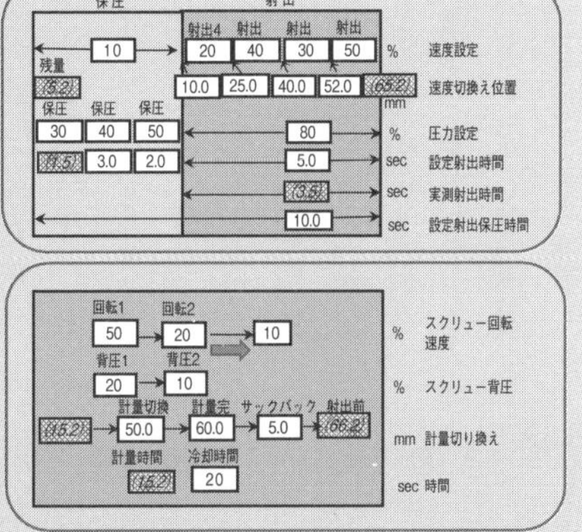

①型開閉設定　②突き出し設定　⑤可塑化設定

31 射出波形モニター

金型内を見える化する

最近の射出成形機は、射出速度波形と圧力波形がグラフとしてモニター画面で確認でき、溶融樹脂が金型内に射出される状況がわかるようになっています。スクリューの位置センサー、速度センサーと圧力センサー（電動成形機ではモーター回転数やロードセルの検出値から換算）で値を検出するのです。この波形は成形条件出しや成形安定性確認などにも非常に役に立つものですが、使いこなしている人が少ないのは残念なことです。使いこなすようになるためのポイントを解説します。

射出工程では、製品の表面状態の品質に影響を与える射出速度を考慮しながら設定していきます。しかし、射出速度を期待値通りに出すには、圧力（負荷圧力）に余裕が必要です。例えば、設定圧力が低いと圧力が足りないため、速度も自然と遅くなっていきますね。速度を速くしたいのに圧力不足では速度が出せません。モニター画面があれば、この状況をスクリューの動きとして確認することができるので、速度と圧力の関係に気付きやすくなります。

少し高度になりますが、圧力で頭打ちになって速度が自然に低下するように、意図的に設定する成形テクニックもあります。また、射出から保圧への切り換え点での速度や圧力波形の滑らかさ、あるいは急激なブレーキのほか、多点バルブゲート式ホットランナーの切り換えなどの波形もグラフとして見ることができるので、上手に使いこなせれば成形条件調整には非常に役立つものなのです。可塑化工程では、同様にスクリューの回転負荷やスクリュー後退速度（可塑化速度）などが表示される機械であれば、可塑化の安定条件を調整することに役立てることが可能です。すなわち、これらの情報をうまく使っていくことが、今後の現場の効率化にも役立つポイントです。

要点BOX
- ●モニターで溶融樹脂の状況を把握できる
- ●使いこなせば成形条件調整にも役立つ
- ●デジタルデータの活用は現場を効率化する

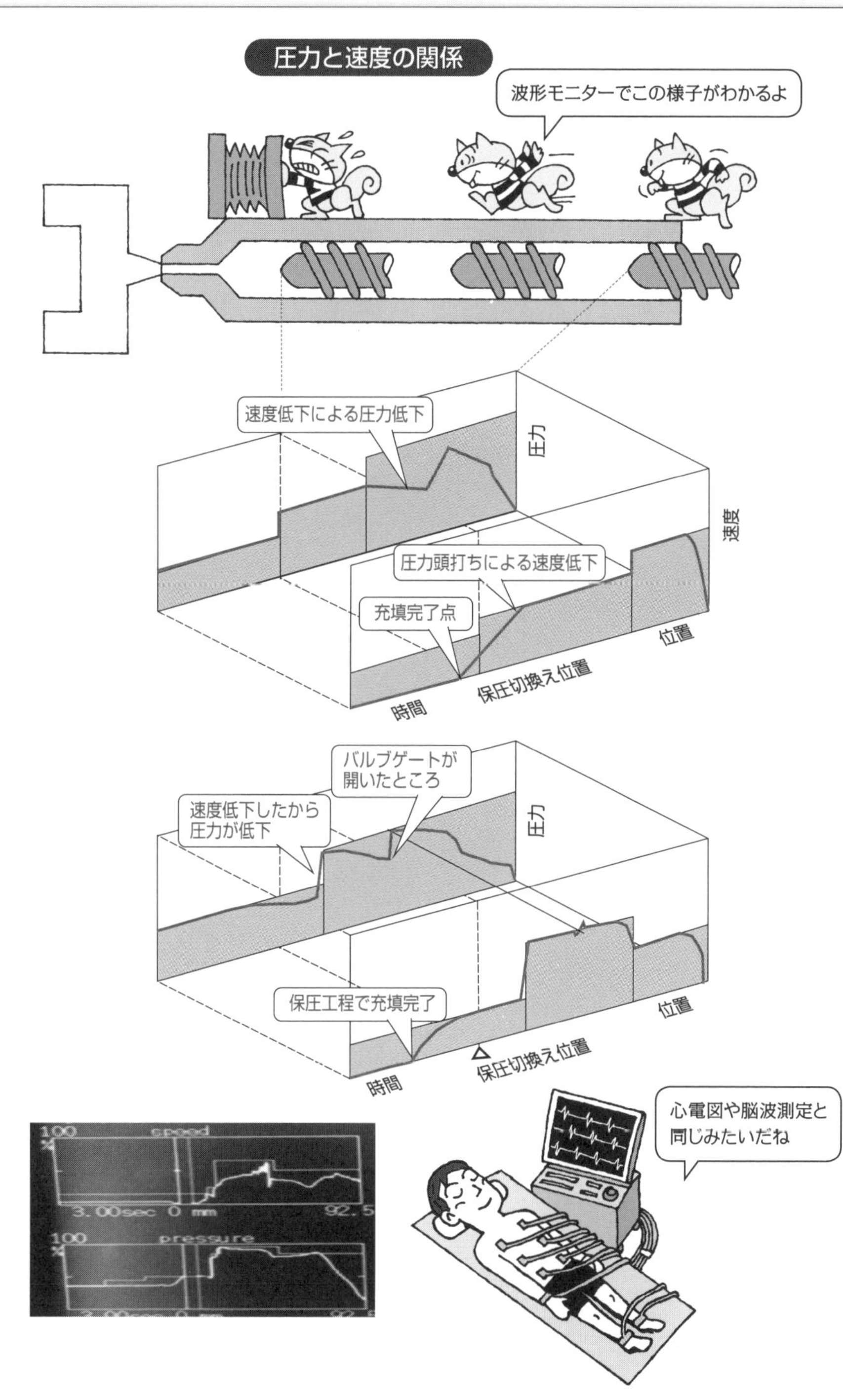
圧力と速度の関係
波形モニターでこの様子がわかるよ
速度低下による圧力低下
圧力
速度
圧力頭打ちによる速度低下
充填完了点
位置
保圧切換え位置
時間
バルブゲートが
開いたところ
速度低下したから
圧力が低下
圧力
保圧工程で充填完了
位置
保圧切換え位置
時間
心電図や脳波測定と
同じみたいだね

32 射出成形機の油圧装置

我が国では電動式射出成形機が主流となったとはいえ、世界ではまだまだ油圧式の射出成形機も多く使用されています。また、油圧は金型部品の駆動やバルブゲートなどにも使われるので、基礎的な部分は知っておく必要があります。ごく簡単に油圧機器について説明しておきましょう。

油圧装置には、電動モーターで回転して作動油を送るポンプがあります。油圧発生源です。これから各アクチュエーター（駆動装置）に作動油を送って各装置を動かします。シリンダー内のピストンで直線運動をするプランジャータイプや、回転動作をする油圧モーターがあります。プランジャーは型開閉・型締め・射出・突き出し、射出装置前後進などに使われます。ポンプは、それぞれのアクチュエーターに個別についているわけではなく共通です。各工程に移っていくたびに、作動油の行き先を変更する方向制御弁が使われます。方向制御には方向切換えや、片側通行のチェック弁などがあります。方向切換え弁はソレノイドバルブで内部のスプール（スプルーと似ているので注意）を動かして駆動します。また、射出成形機を制御するためには、圧力や速度の調整も必要ですね。速度調整は油量を調整する流量調整弁が使われます。圧力を制御する方法にも、元圧を制御するリリーフ弁や、元圧とは別にその先の圧力を制御する減圧弁などがあります。油圧式のエネルギー効率が悪いのは、油圧源や駆動装置器自体の機械損失に加えて、回路での流量損失、圧力損失があるからです。省エネルギーを目的として、ポンプの回転数を電動サーボモーターで制御するハイブリッド式の油圧方式の機械もあります。ただし、ハイブリッドとは油圧と電動の複合方式なので、スクリュー回転を電動モーター式としたものもハイブリッドと呼ばれます。

要点BOX

●日本では電動式が主流だが、世界では油圧式の稼働率は高い
●電動式と油圧式のハイブリッドもある

簡単な油圧回路例(射出側のみ)

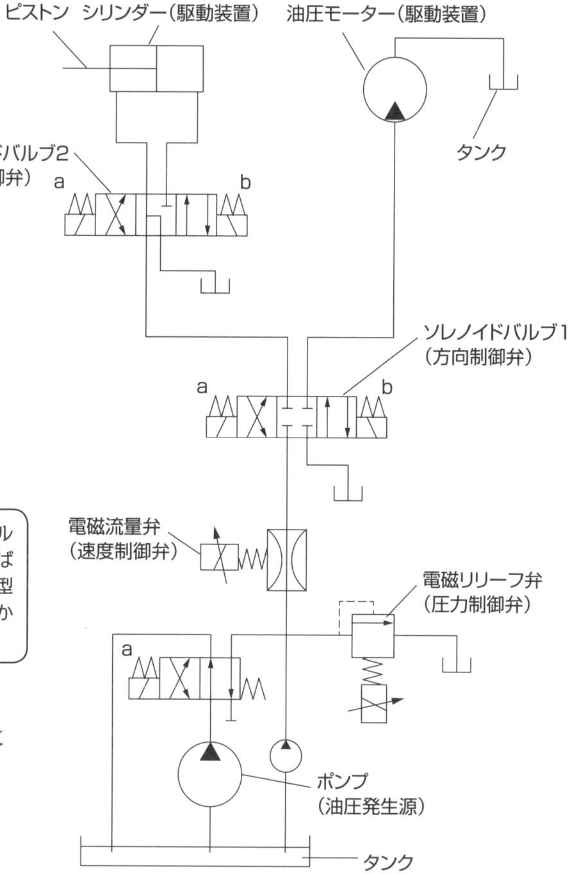

ピストン　シリンダー(駆動装置)

油圧モーター(駆動装置)

タンク

ソレノイドバルブ2
(方向制御弁)

a

b

ソレノイドバルブ1
(方向制御弁)

a

b

電磁流量弁
(速度制御弁)

電磁リリーフ弁
(圧力制御弁)

a

ポンプ
(油圧発生源)

タンク

油圧機器のシンボルマークは、わかれば覚えやすいよ。金型に使うこともあるからね

33 全電動式射出成形機

省エネのメリット

ここでは、電動サーボモーターを使った射出成形機を電動式として説明します。サーボモーターは以前からロボットや自動機に使われていましたが、小型で軽いACサーボモーターが1980年代に開発されてから、射出成形機にも使われるようになりました。初めての電動サーボモーターの射出成形機が開発されたのは、日本で1983年のことなので、40年前の話になります。

現在、日本では電動式が主流となっていますが、世界を見ると電動化は日本に比べて遅れているのです。その理由は、油圧式と比較した価格の高さです。消費電力分の節電メリットで油圧式との差額分を取り戻すには、工業用電気代がそれなりに高くないと割に合いません。日本では、以前から工業用電気代が他国より高かったため、その差額は3年から5年で取り戻せたという背景がありました。その後、世界のエネルギー問題から欧州でも電気代が高くなり、欧州や韓国・中国の成形機メーカーも電動成形機を開発・量産化もしてはいますが、日本には大きな遅れを取っています。

電動式射出成形機の特徴は、型締め装置がほぼ100%トグル式であることと、駆動装置ごとにサーボモーターが使われており同時動作ができることでしょう。回転はモーター回転をそのまま使用できますが、これを直線運動に変換するためには、ボールねじが不可欠です。このボールねじには高負荷がかかるため、これも設計上、重要なポイントになります。電動式は静かで、油漏れの心配もなく、サイクルも早く、動作の精度もいいのですが、価格が高いのが問題でした。しかし、電気料金が高騰化してくると、消費電力の観点から世界でも電動化は加速することは必至です。ただし、機械価格差の回収には時間がかかるので、経営者の考え方（任期）によるところもあります。

要点BOX

- ●電動式は油圧式よりも価格が高い
- ●工業用電気代の高い国では節電効果が大きい
- ●電気代の高騰で世界での普及は加速

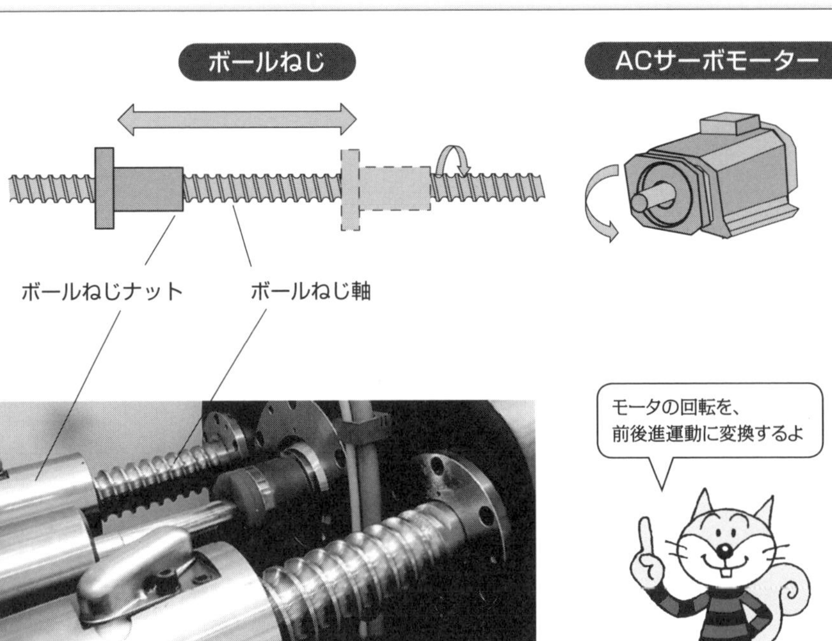
ボールねじ
ACサーボモーター
ボールねじナット
ボールねじ軸
モータの回転を、
前後進運動に変換するよ

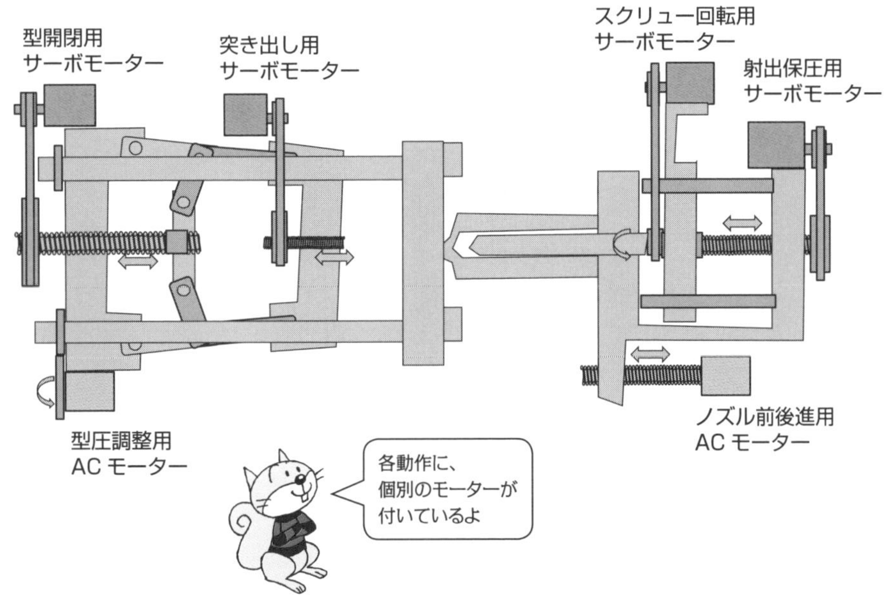
射出成形機への応用例
型開閉用
サーボモーター
突き出し用
サーボモーター
スクリュー回転用
サーボモーター
射出保圧用
サーボモーター
型圧調整用
AC モーター
ノズル前後進用
AC モーター
各動作に、
個別のモーターが
付いているよ

34 油圧式と電動式の違い

それぞれの特徴を理解する

電動式射出成形機が、油圧式射出成形機と比較して優れる点について再確認してみましょう。

油圧式は、油圧発生源や各駆動装置が機械式であり、これらの部分で駆動損失が大きいのです。また、作動油を流すことによる流動抵抗（損失）も加わり、総合的なエネルギー効率が悪くなります。

これに対して電動式は、直接あるいはボールねじを介した駆動となるので、エネルギー効率が高く、消費電力が小さいのです。これは、電気自動車とガソリン車の違いに似ていますね。作動油を使わないため、油漏れがありません。作動油の維持管理が不要となり、これは5Sの〝清掃をしやすい〟〝清潔に保ちやすい〟につながります。油圧機器よりも静かです。

さらに、サーボモーターは制御速度、応答速度が速いのです。そのため、ロボットにも使われています。これは機械の繰り返し駆動動作の精度が高く、精密成形に向くともいえます。

また、駆動装置それぞれにサーボモーターが付いているので、作動油を切り替えるような時間差を必要とせずタイムロスが少なくなります。そして、繰り返し精度が高いので、ばらつきの余裕を見込んだ調整の必要がなく、金型を保護しながら型開閉速度を速くすることができます。これらは成形サイクルの短縮として効果があります。さらに、駆動装置が独立しているので、型開閉と突き出し、型開閉と可塑化などの同時動作も行うことができ、条件によっては、大幅な成形サイクルの短縮も可能なのです。

このように、電動式射出成形機には大きなメリットがありますが、これらを製品コストの低減や製品の付加価値向上分に転化できるか否かもポイントです。

要点BOX

- 電動式は駆動損失が小さい。メンテナンスの手間は少ない
- 欠点は価格の高さ

電動式と油圧式の射出成形機の長所

電動式

- サイクルが短い
- 音が静か
- 繰り返し精度がいい
- エネルギー効率がいい
- 油漏れがない

油圧式

- 機械価格が安い

油圧式射出成形機のエネルギー損失

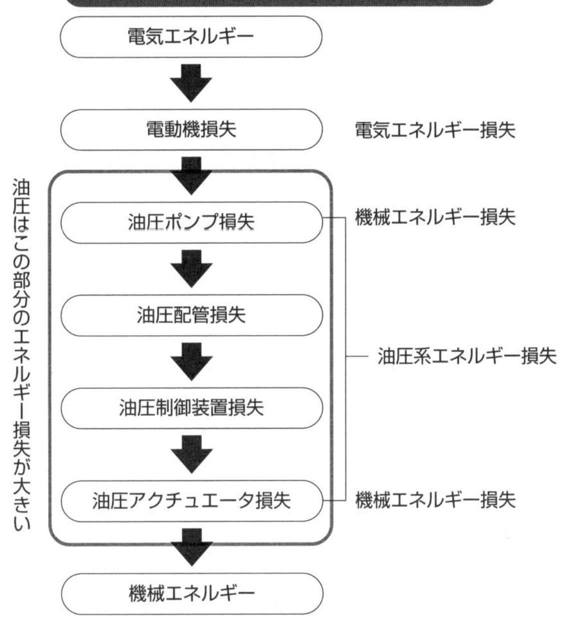

電動式と油圧式の工程エネルギー損失比較

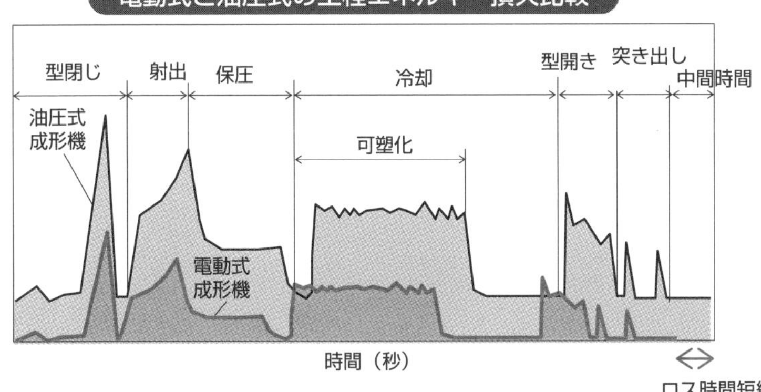

35 ＡＩとＩｏＴの応用

ベテランの知見を活かす

機械からいろいろな情報（データ）を採取し解析することで、非常に多くのことがわかるようになります。特に、電動式射出成形機では、工程での速度やトルク情報も容易に検出できるので、これを使わない手はありません。現場情報を生産の効率化に利用するＩｏＴ（Internet of Things）と、成形不良対策のＡＩ（人工知能）の応用について考えてみましょう。

過去にもＡＩがブームとなったのは１９５０年代、１９８０年代と2度ありました。ただし、当時はカメラやセンサーなどの機能に限界があり、不良に対しては人間からの情報が頼りでした。現在では、スマートフォンのカメラを使うこともでき、機械情報をデジタル情報として直接取り出すことは容易です。ＡＩにもいろいろなものがありますが、成形不良をカメラなどでＡＩがチェックしその対策を行う…というようなベテラン技術者がするようなことまでは、技術的に可能だとしても、市場規模やコストなどを考えるとまだ実現は無理でしょう。成形不良対策に応用するならば、ＩｏＴと統計処理を使ったＡＩの実現が早道です。

統計に関しても、過去に数度のブームがありました。１９７０年代、我が国は米国発のＴＱＣ（全社品質管理活動）が盛んに行われ、その後、１９８０年代には米国でＴＱＣの変更版的な6シグマが盛んになったものです。双方とも統計処理が非常に重要なポイントでした。現在はＩｏＴのデータを統計処理して、自動的に成形不良や成形安定性との関連性を計算させることはそれほど難しいものではなくなっています。ただ、膨大なデータの中のどのデータがどの成形問題と関連しているのかを、事前にベテラン技術者のアルゴリズムを踏まえて、解析処理する方法が効率的だろうと思います。

●情報の収集・分析は生産の効率化につながる
●成形不良の対策まではできない
●ノウハウを解析処理に応用すべき

射出成形機とIoT、AI

機械からの数値情報
射出時間、可塑化時間、クッション、ピーク圧力、射出エネルギーなど

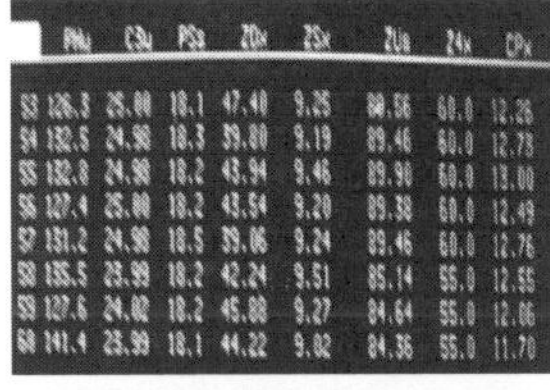

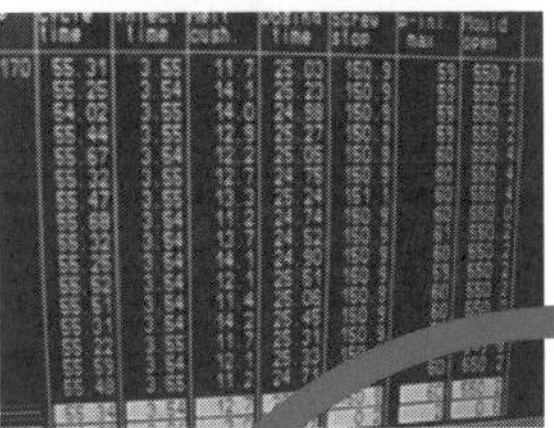

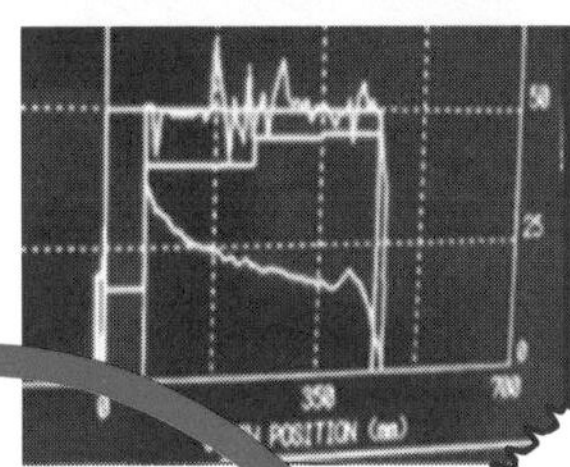

- 製品画像分析情報
- 製品画像寸法情報
- 製品表面温度分布情報
- 製品重量情報・他

Column

電動式射出成形機の普及率の伸び代は大きい

第2章のコラムでダイオキシン問題の話をしましたが、射出成形機においても同様のことが起きたことがありました。油圧式射出成形機のシェアが高かった時代、直圧式が主流の機械メーカーと、トグル式が主流のメーカーに分かれて、その長所、欠点の言い合いをしていたものでした。

例えば、直圧式は省エネルギーではない、多くの作動油を使う、サイクルが遅い…などに対して、トグル式は型締め力が金型温度とともに変化するので成形が不安定、型盤の両端を押すので、型盤がたわみやすく金型を変形させる…などです。ところが、電動式の時代になると、てこ式のトグル式が設計面で有利となり、直圧式は非常に不利になりました。そしていまでは、それまでのトグル・直圧の議論はなかったかのように、トグル式が主流となったのです。トグルの欠点を補う技術が、センサー技術の進歩とともに加わったこともあります。

また、電動式のニーズと、各国での工業用電気代との関係は大きなものがあります。その国の電気代の節約分で何年で元を取れるか、が工場では非常に重要です。これは車を購入する際に、ガソリン自動車とハイブリッド自動車の1年の走行距離とガソリン代の関係を比較検討することに似ています。実際に、韓国や台湾では、工場用電気代が日本と比べて安く設定されているので電動式の開発は相当遅れました。これに対して中国では、経済発展に伴い、多くの分野での中国製品の品質はよくなっており、射出成形機も同様です。自動車や家電業界の成長から、いまでは中国国内で全電動の射出成形機を開発するまでに至っています。また、中国国内市場だけでなく、アジア、欧州、米国にも多く輸出するほどにもなっており、生産設備に必要なサービス拠点も世界に増えています。

国際情勢を背景に、世界中で電力の供給問題が発生しており電気代も高騰しているので、電動式は今後成長していくことは間違いありません。さらに、消費電力のメリット以外にも、機械からの生産情報や成形時の検出データをエネルギー損失を少なく収集できるので、解析精度も高くなり、IoTへの適用もしやすくなるはずです。

第5章

射出成形機と金型

36 金型の基礎

樹脂の入り方と取り出し

射出成形の金型内での圧力は、他の成形方法と比較すると相当高く、金型にも高い剛性が必要となるので高価になります。しかし、生産数量が非常に多いので、製品1つあたりの金型費としては安くなることが総合的な利点といえます。

射出成形の金型の基本構造の前に、機械のノズルから溶融樹脂が射出されて金型に入っていく道の名称を説明します。

ノズルから金型に入った樹脂は、まずスプルーという湯道を流れます。製品が1つの場合には、そのまま製品に入ることもあります。この製品に入る部分をゲートと呼びます。直接入るのでダイレクトゲートです。1つの金型に複数個の製品がある場合には、スプルーからランナーで各製品方向に分岐されて、それぞれの製品へのゲートへと接続されます。スプルー、ランナーが製品とともに冷えて取り出されるものをコールド・スプルー、コールド・ランナーと呼びます。これらの例を図に示します。このスプルーとランナーは通常は粉砕されてマテリアル・リサイクルされます。コールドに対する言葉としてはホットになりますが、38項で後述します。

製品を取り出す時には、通常は可動型に製品を残したまま金型を開き、その後、突き出しピンなどで製品を可動側から浮かせるように押出します。突き出しピンは突き出し板に取り付けられており、この突き出し板が動くスペースと構造が可動側に付けられています。製品突き出しの方法としては、突き出しピンのほか、プレートで製品の面を押したり、コップ状などの製品ではエアーを送り込んで製品を金型から浮き上がらせて取り出す方法、ねじの付いた製品では回転させて抜く方法などもあります。

要点BOX

●射出成形の金型には高い剛性が求められる
●溶融樹脂はスプルーからランナー、ゲートへ
●金型から製品を取り出す方法はいくつもある

いろいろなランナー・ゲートタイプ

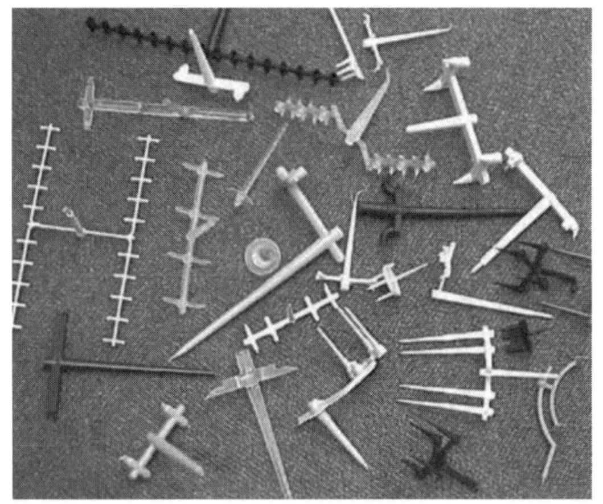

ダイレクトゲート

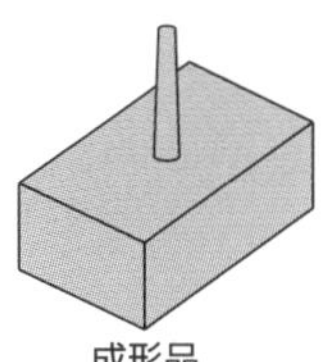

2個取りサイドゲート

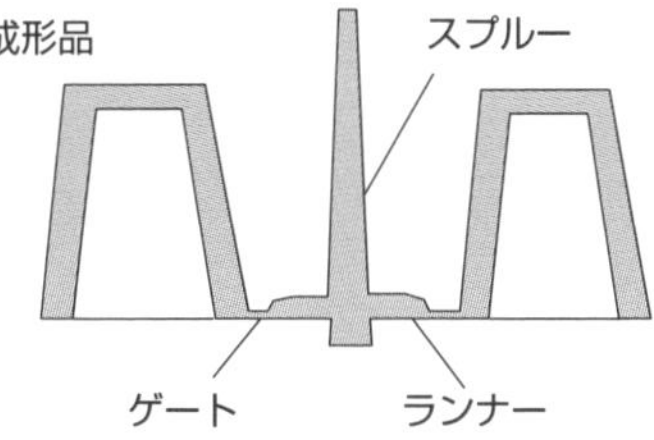

可動側取り出し例

プレート突き出し

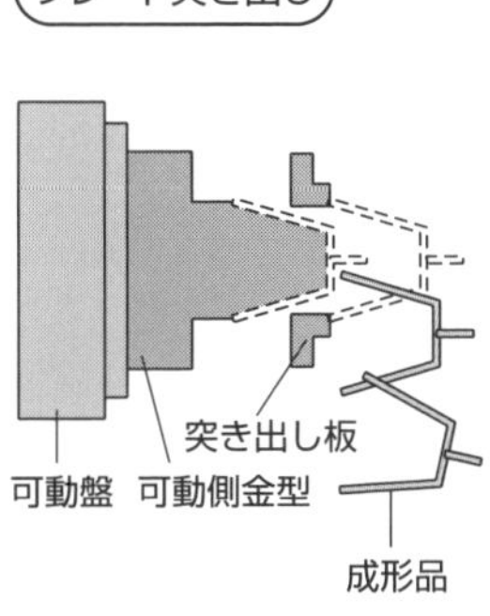

ピン突き出し

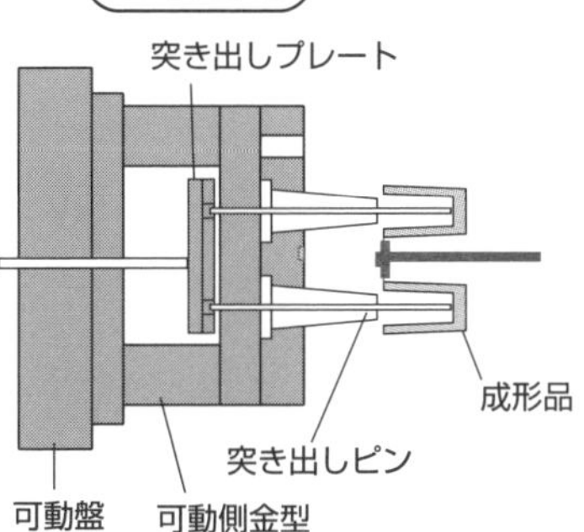

ねじ突き出し

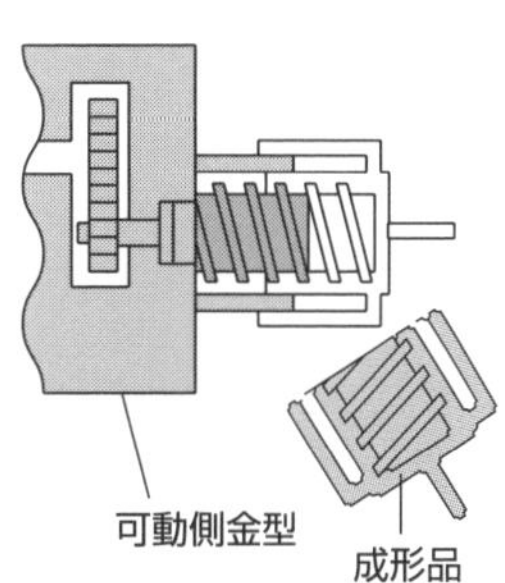

37 2プレート型と3プレート型

代表的な金型

射出成形機の型締め装置に2プラテン、3プラテンというものがありましたが、これとは違った意味で金型にも2プレート型と3プレート型があります。プラテン（platen）は型盤のことでしたが、プレート（plate）は板を意味し、金型の枚数を示します。日本語では二枚型、三枚型とも呼ばれます。

前項では、固定型と可動型の2枚の2プレート型を説明しました。ゲートタイプにもいろいろなものがある中で、ゲートが直接製品部についているものは、取り出した後でニッパーやカッターなどで製品から切断する必要があります。

3プレート型とは、固定型と可動型の間に、もう1枚、ストリッパープレートと呼ばれる板があるタイプの金型です。特に、製品の多数個取りの場合に、スプルー・ランナーと製品を自動的に分離して取り出す場合に使われます。ストリッパープレートとは分離する板のことで、ランナーとピンゲート（断面の小さいゲート）を固定側方向の面に彫り込み、反対側の可動側の製品部に貫通させます。そうすると、金型を開く時に製品とゲート部がちぎれることで、スプルー・ランナーと製品が分離されるように作られています。

2プレート型にもサブマリンゲートという、可動側の板にゲートを潜るように彫り込むことで、突き出しの時に製品とゲートを切断して、スプルー・ランナーを自動的に分離する方法もあります。ゲート径は1㎜以下の小さなものですが、ちぎって切断するので、ゲート部の微小な樹脂の破片が異物となって製品に入り込む成形不良を生じることもあるので注意が必要です。いずれにせよ、どのようなゲート形状・位置にするかは、製品との関係を考えて配慮します。

要点BOX
●2プレート型はシンプルな構造
●3プレート型はストリッパープレートが追加
●スプルー・ランナーを自動的に分離する方法

ゲート自動切断方法の例

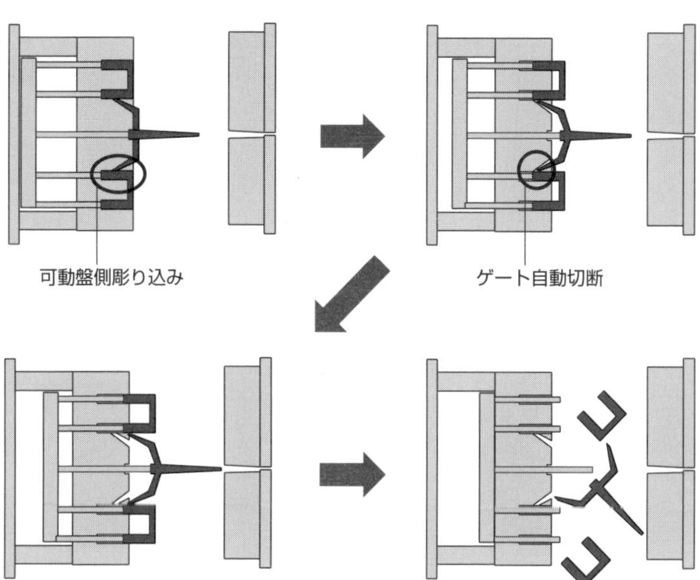

3プレート金型のゲート切り離し

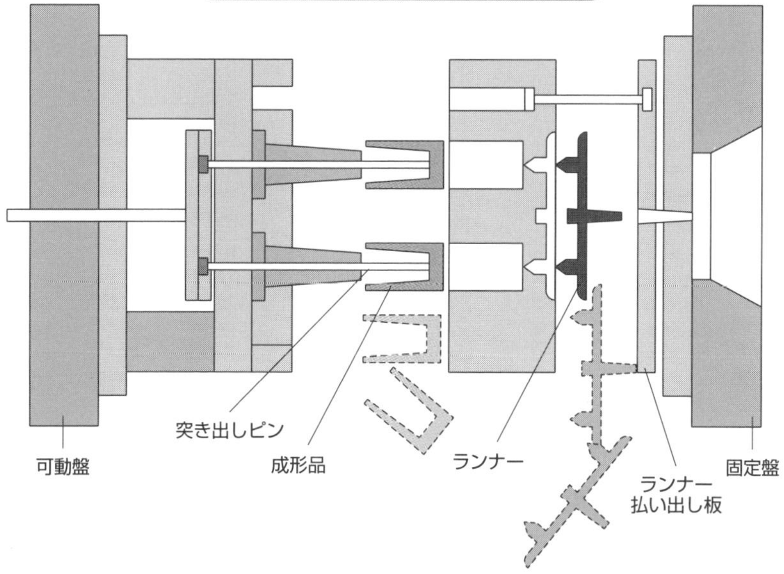

38 ホットスプルーとホットランナー

溶けたスプルー・ランナー

これまでは湯道も製品同様に冷却して製品と一緒に取り出していましたが、この湯道をヒーターで温度調整して、金型の中でも溶けたままの状態にしておくのが、コールド（cold）に対してホット（hot）と呼ばれるタイプです。スプルー部だけを溶かした状態のものをホットスプルー、ランナーも溶かした状態のものをホットランナーと呼びます。

ホットランナーには、①ゲート近くを流れる冷却経路でゲートを固化して閉じるオープンゲート式と、②バルブでゲートを強制的に開閉するバルブゲート式のものがあります。コールドランナーでは、取り出した後で再利用するために粉砕したり、バージン材（未使用の新しい材料）とリサイクル材の混合割合調整などの手間が必要ですが、ホットランナーではそれが不要です。

しかし、実際にホットランナーを採用する場合、湯道に滞留箇所がないような設計配慮や、ヒーター以外の温調装置も必要となるため、金型が高価となってしまいます。バルブゲートタイプとなると、バルブを駆動する装置も必要です。そのため、製品設計や生産数量、生産現場の手間などを総合的に考慮して導入するか検討されます。

複数のバルブゲート式ホットランナーを使った金型では、バルブゲートを開くタイミングに、時間差をつけて順次に調整することにより成形圧力を低下させたり、ウエルドライン（溶融樹脂の合流部の線）などの対策や製品寸法調整としても使うことができます。デザインや外観が重視される自動車の大きな部品などは、ウエルドラインが発生すると問題となるので、バルブゲート式ホットランナーが使用されることが多いのもこのためです。インパネ、バンパー、ドアなどの内装部品などがその例です。

要点BOX

- ●ホットスプルー・ランナーは湯道の樹脂も溶かす
- ●ムダな材料が少なく済む
- ●金型費は高くなる

コールドランナー式とホットランナー式

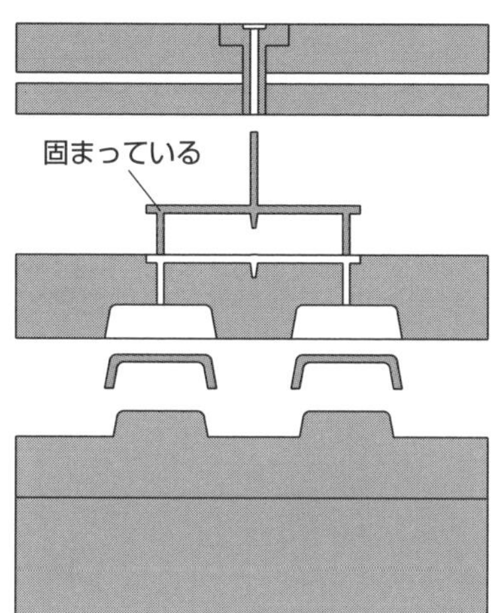

ホットランナー式

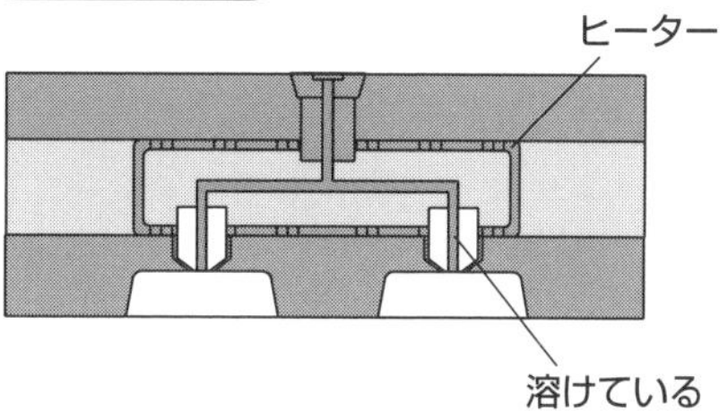

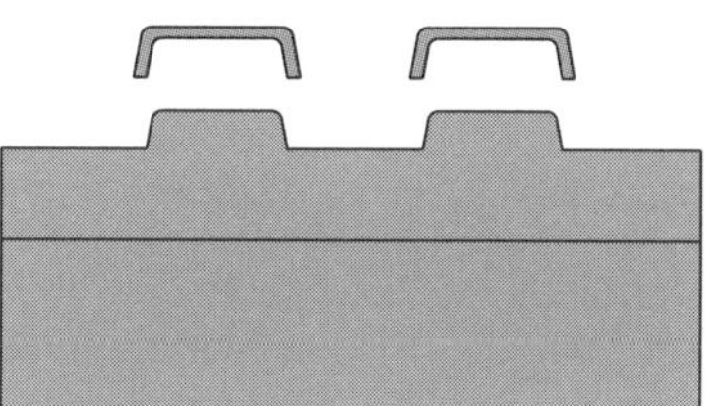

オープンゲート式ホットランナーとバルブゲート式ホットランナー

オープンゲート式

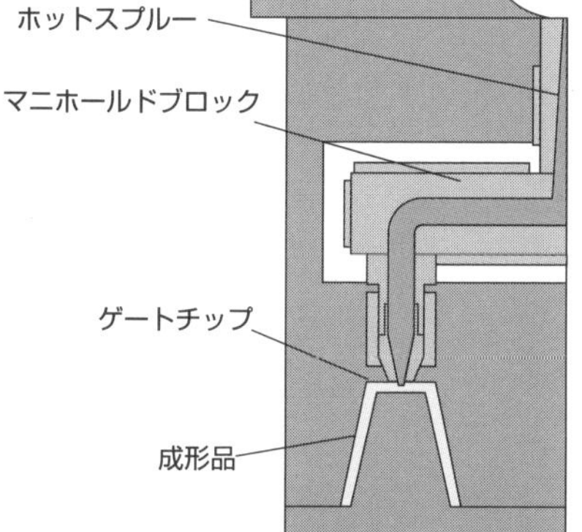

バルブゲート式

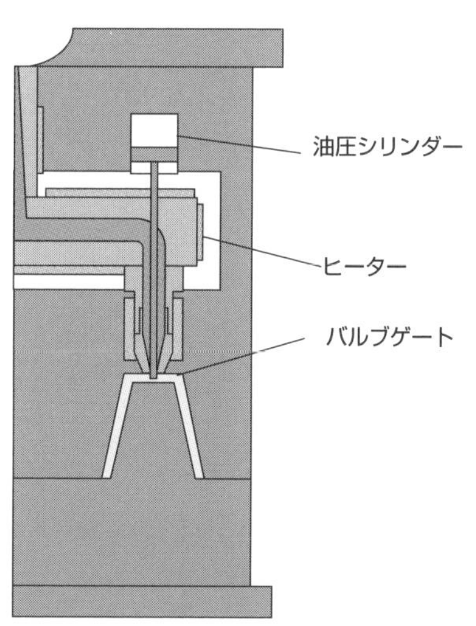

39 製品設計とCAD

生産段階での手戻りをなくす手段

射出成形品の製品設計のポイントには、金型から製品が取り出せるか、金型を作る場合に問題はないか、製品が期待通りに成形できるか—などの知識が必要です。

製品が取り出せるかどうかについては、簡単にいうと、金型を開いたり、製品を突き出す時に引っかかる部位があっては問題です。また、試作段階では作ることができた製品でも、量産用の金型の場合には、金型の部品が干渉するようなものも問題です。試作用と量産用の金型は必要とされる剛性が異なり、設計の考え方も違います。さらに、製品に肉の厚い部分と薄い部分があると、厚さによって冷え方が違ってくるので、収縮時に変形してしまいます。

これらの問題を、1つひとつ射出成形の担当者や、金型メーカーに確認しながら製品設計していたのでは、設計が進みません。実際のところ、自動車業界や家電業界、光学部品業界などの分野によってそれぞれ製品に対する要求品質が異なります。そのため、各業界・分野では製品設計の基本的な標準書やマニュアル、製品のボス、リブ、取り付け座などの標準パーツが用意されていることが多く、皆さんも見る機会があるかと思います。

現在では、製品設計はCAD（Computer Aided Design）の3次元データとして作られることがほとんどで、CADデータを使った流動解析やそり解析などのCAE（Computer Aided Engineering）での成形事前検討もできるようになります。また、金型を実際に加工する場合には、このデータを加工機用のCAM（Computer Aided Manufacturing）に変換しますが、この時、成形収縮率を考慮して少し大きめの製品部にするように計算し直したデータとして作られます。

要点BOX
- ●試作と量産用の金型は求められる質が異なる
- ●業界によって要求品質は異なる
- ●製品設計のデジタル化が進む

射出成形品の設計のポイント
樹脂が
流せる?
CAEは
試した方が
いいかな?
ひけは?
取り出せる?
変形は?
型屋にも
相談するか…
CAD、CAE、CAM
CAD
CAD用プロッター
CADデータから
CAE解析へ
CAE
CADデータから
CAMデータへ
CAM

40 条件によって異なる収縮率

事前に知っておくべき重要な情報

樹脂は温度が高くなると膨張し、温度が下がると収縮します。また、圧力を加えると圧縮されて小さくなる弾性体の性質もあります。これをグラフにしたものが、PvT線図です。Pはpressure（圧力）、vはspecific volume（比容積）、Tはtemperature（温度）を意味します。

機械のシリンダーの中にある温度の高い溶けた樹脂が金型に注入されて冷やされると収縮します。ただし、射出で入れたままだとべこべこにひけた製品となるので、保圧という工程で樹脂を圧縮補充していくのでした。結果的には、取り出された製品は金型で作られた製品部の形状よりも少しだけ小さくなっています（大きくなっていたら金型内で膨らんでいて取り出せません）。この長さ方向で小さくなっている程度を収縮率と呼びます。

収縮率は、樹脂や添加物の量などによっても異なりますが、結晶性の樹脂の収縮率は非結晶性のものよりは大きい（製品は小さくなる）のが一般的です。収縮率はPvTと関係しているのです。金型内の樹脂に圧力を加えると密度が大きくなり、製品は大きくなります。すなわち、収縮率は圧力によっても影響を受けるのです。さらに、製品の厚い場所と薄い場所の違いでも冷やされ方（温度）が違うので、収縮量も異なります。

また、熱可塑性樹脂の高分子の形は紐状になっていますが、流動させる時にはこの紐の状態は複雑に変化します。この状態は等方性（向きによって同じ性質）ではないので、収縮率も流動状況により影響されます。これは流す速度や、流れの向き（製品形状とゲートの位置関係）によっても影響を受けることにもなるのです。このように、収縮率は、使用する材料だけでなく製品形状や成形条件によっても異なるものなので、金型を作る前の事前検討は大切なのです。

要点BOX
- ●樹脂の冷却時の変化を表すPvT線図
- ●製品は収縮する
- ●収縮率にはいろいろな条件が影響する

金型寸法と製品寸法

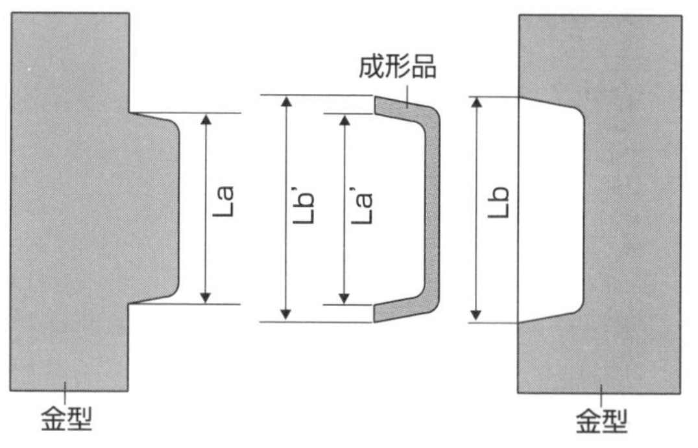

金型の製品部寸法は、
製品より大きく作る
(La ＞ La', Lb ＞ Lb')

PvT線図の例（非晶性樹脂）

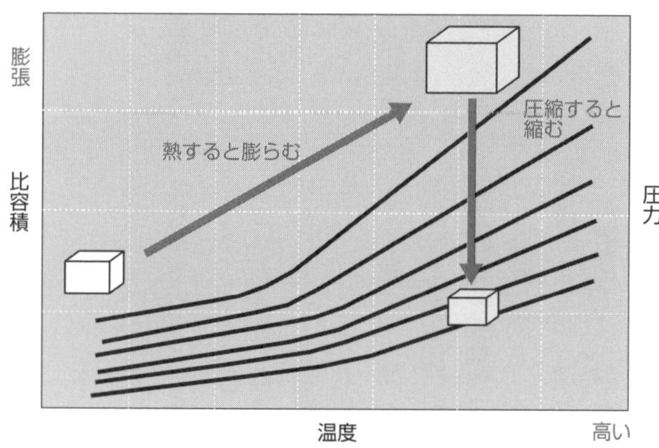

溶解樹脂の複雑な配向

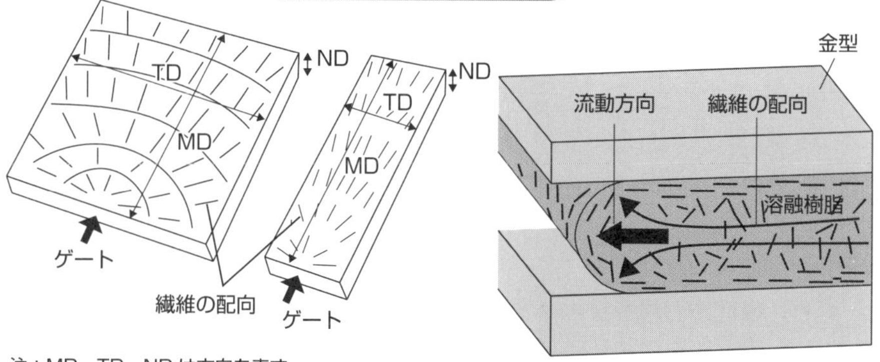

注：MD、TD、ND は方向を表す

配向は肉厚方向でも起きている

41 金型の加工方法

切削、研削、研磨、放電加工

金型は、製品形状部を構成する部位以外にも、取付板、突き出しピン、その他いろいろな部品で組み立てられて作られます。標準の市販品を購入して、これらの部品に加工して使用されることも多々あります。

金型を加工する上での金属の除去加工について説明します。加工方法としては、大別して切削加工（切って削る）、研削加工（砥石で研いで削る）、研磨加工（研いて磨く）、そして放電加工（放電の火花を使う）があります。研削、研磨については次項で解説します。

切削加工には、ドリルで穴あけをするボール盤、盤を旋回させその上の加工物をバイトなどで削る旋盤（外周や穴あけなどに使われる）や、切削工具が回転しながら移動することで形状を削り取るフライス盤などがあります。近年では、これらを1つの機械にまとめて、自動的に適切な切削工具を交換しながら加工を行うマシニングセンターと呼ばれるものがあります。

CNC（Computerized Numerical Control）はコンピューターで数値制御します。39項で説明したCADデータを金型加工用のCAMデータへ変換して、コンピューター制御で加工を行います。加工する軸は、空間を表すXYZの3軸に加え、盤の回転と軸の傾斜の2軸（左図はA・C軸）を追加した5軸の機械まであります。軸数が増えると加工も自動化でき、加工時間の短縮、精度の向上を実現しますが、機械自体はより高価になります。

放電加工は、加工液の中に入れた加工対象物に、加工形状の電極を作ってそれを近づけることで放電して削る型彫り放電や、ワイヤーを対象物に通して対象物を動かしながら放電によって複雑な穴加工をするワイヤーカット放電があります。

要点BOX
- ●切削工具を自動交換するマシニングセンター
- ●マシニングセンターは軸数が増えるほど加工も早い

切削加工のいろいろ

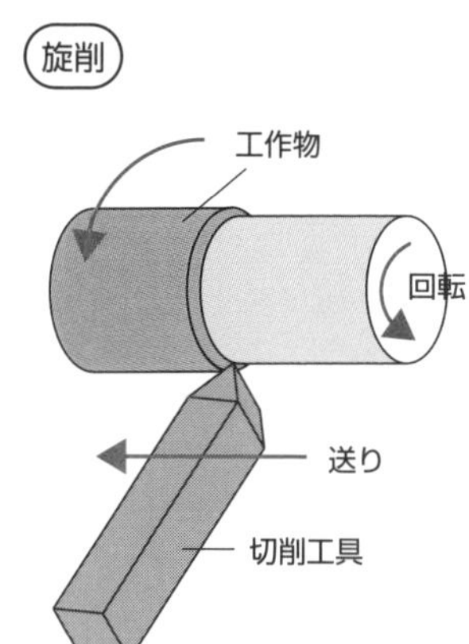

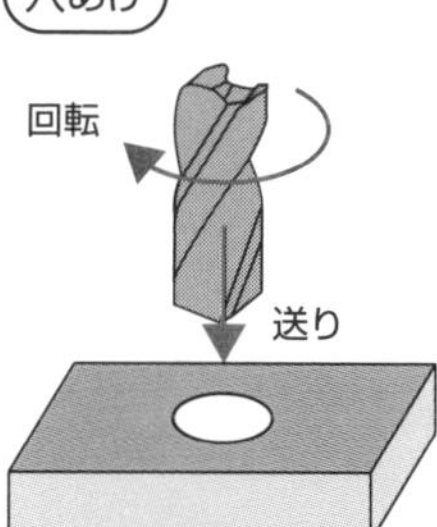

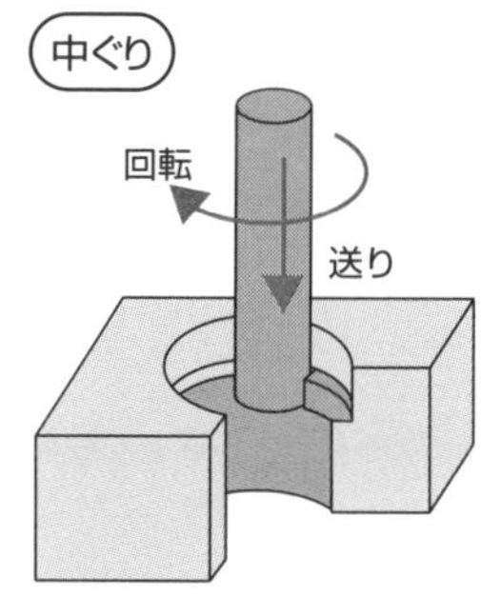

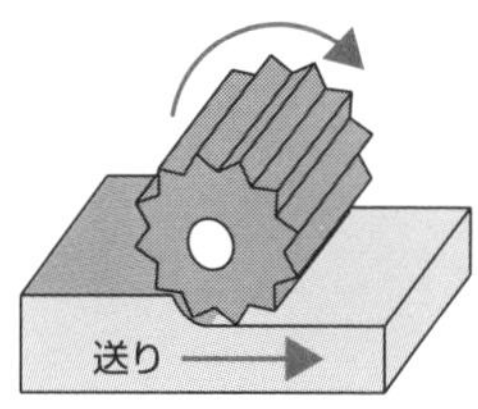

平削り

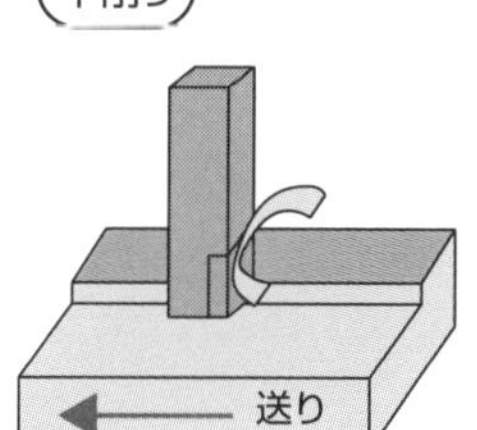

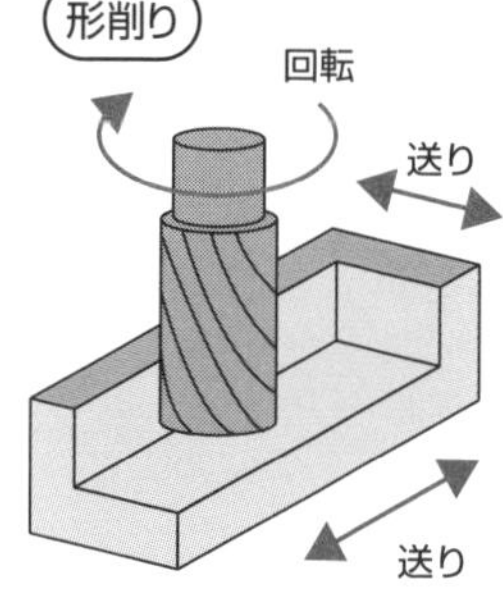

5軸制御マシニングセンター

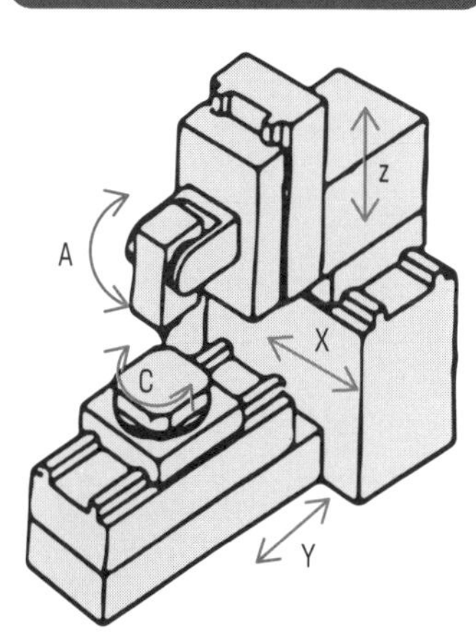

放電加工

型彫り放電加工

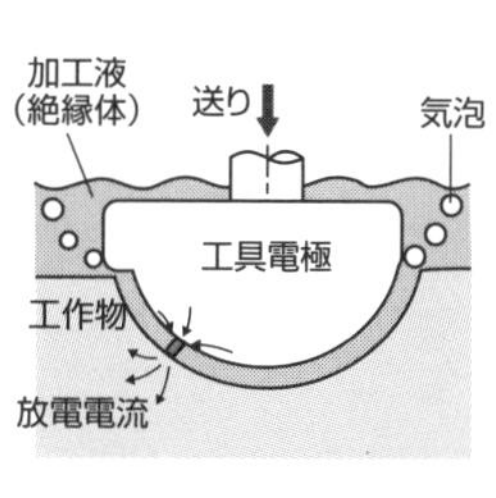

ワイヤー放電加工

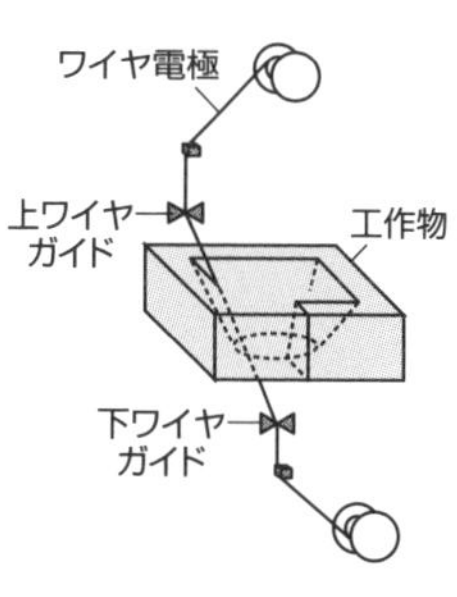

42 研削、研磨、仕上げ磨き

金型の表面粗さの調整

　切削加工を行ったあと、表面粗さの調整や寸法の微調整などに、研削、研磨、仕上げ磨きが行われます。放電加工後には、放電目や放電によって熱処理された部分も残っているので、磨きが行われます。

　研削が砥石を使って表面を削り取るように磨くのに対して、研磨は研削よりももっと目の細かな砥石やダイヤモンドコンパウンドで磨きます。砥石やコンパウンドには非常に硬い粒子が混ぜられているので、超硬合金でできたものや焼き入れ処理後の硬い金属なども加工することができます。

　研削機としてもいろいろなものがあり、数値制御のNC研削機もあります。研磨も機械でするこどもありますが、最終的な仕上げ研磨は熟練作業者の手作業で行われます。

　2次元の面や円筒などでは機械での磨きも可能ですが、3次元的な製品の合わせ面の微調整は機械だけでは非常に難しいのです。

　射出成形の金型は大きな型締め力で締め付けられます。その締め付けられた時の合わせ面積が狭いことは、接触面積が小さいことになります。接触面積の小さい場合、この部分の圧縮応力が大きくなりすぎて部分的な破壊（つぶれ）を発生させます。3次元の面全体の調整は難しいので、平面上にある受圧板でこの力を分散して受けることも多々ありますが、製品部の合わせ面に20㎛（0・02㎜）の隙間があると流動性のいい樹脂だとバリが発生してしまうことがあります。すなわち、合わせ面は少なくとも20㎛以下の隙間となるような仕上げ調整が重要であり、機械での仕上げは非常に困難です。

　合わせ面に薄く伸ばしたインクで「当たり」を見ながら調整するところに、金型メーカーの実力差が現れます。

要点BOX
- ●研削は表面を削り、研磨は磨く
- ●研磨には人の手が入る
- ●バリ防止のために合わせ面の調整は非常に重要

研削加工の例

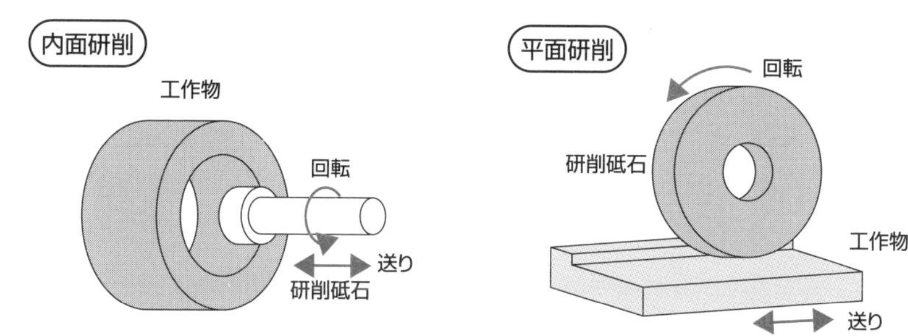

型合わせ仕上げ調整の重要性

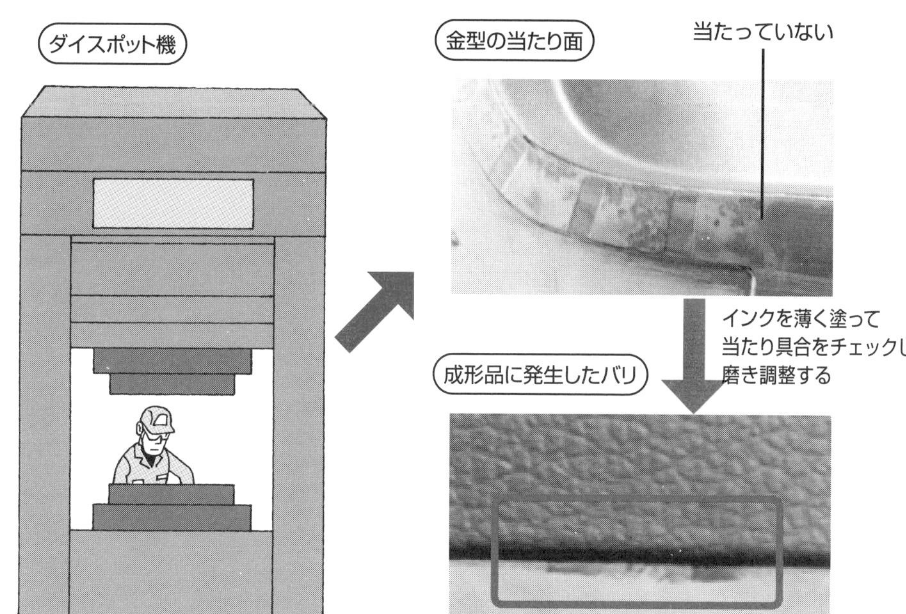

調整が悪いとバリが出やすい

ダイスポットというプレス機は、一旦力を加えて挟み込んで、金型同士の接触状況(合わせ状況)を確認する機械だよ
下型だけがスライドして、金型(半分)が出てくるタイプもあるよ。ここで調整のため、金型の表面を磨くよ

43 金型の材料

生産数、品質によって異なる

使われる部位によって金型の材料は異なりますが、ここでは製品部に使用される鋼材について取り上げます。

樹脂材料にいろいろな種類があるように、金型に使用する鋼材も多種多様です。鋼とは鉄に0・02〜2・14％未満の炭素を混ぜた合金で、炭素が増えると硬くなります。それ以外にも、合金鋼といわれる鉄と炭素以外の合金元素を一定量以上含む鋼もあります。生産数量が多い場合の硬さ重視や、鏡面状態の品質、腐食性ガスを発生する樹脂用の耐腐食性など、目的によって金型の材料は選択されます。ただし価格も高くなっていきます。

安価でよく使われるものは、アズ・ロール（ロールしたままの意味）鋼で、加工後、熱処理をせずに使われるものです。例えばS50C（炭素0・05％程度）やS55C（炭素0・055％程度）などです。熱処理も可能ですが、日本では安価であることが目的なので、通常は熱処理なし（生材）で使われます。S55Cの硬さはHRC15前後です。耐久性は10万ショット程度といわれていますが、使い方にもよります。HRCとはロックウェルCと読み、硬さを示す1つのスケールです。あらかじめ熱処理がされていて加工後、熱処理のいらないプリハードン鋼（preは事前、hardenは硬くするの意）は生産数量が多い場合や海外でよく使われています。硬さはHRC30前後です。もっと硬い鋼材では、加工後、焼き入れされてHRC50以上のものもありますが、高価になるとともに、硬くなると簡単には手直しや加工修正ができないので、熱処理前での成形トライ確認が非常に重要です。

特に冷却したい部位用に熱伝導率のいいベリリウム銅合金やアルミニウムが使われたり、硬さや耐食性を持たせるために窒化処理やコーティング処理などの表面処理が採用されることもあります。

要点BOX
- ●安価でよく使われるアズ・ロール鋼
- ●製品要求品質や総生産数も配慮
- ●コーティング処理など表面を加工する方法も

金型材料の選び方

100万個生産?
あそこは扱いが
荒いからなぁ…

耐久性

鋼材は何にしよう。
どこで作ったらいいかなぁ。
お客さんとも相談だ。

あの材料はガスが出るなぁ。
錆びても、簡単には
磨けないよなぁ…

腐食性

ガラス入り材料かぁ…
生産数量も多いし、
固い材料が必要だな

摩耗性

こっちの製品は
生産数量少ないよ。
品質は厳しくないけど、
とにかく安く作れってさ

金型コスト

44 冷却水配管

金型設計時に考慮

金型に入った高い温度の樹脂を冷やすためには、金型自体が冷却されなければなりませんね。その冷却方法として、金型に穴を開けて冷却水が通る経路を作ります。冷却水の経路設計も製品の冷却状況を左右するので、非常に重要です。

例えば、製品の肉厚部分は冷えにくいので、なるべく製品の近くに冷却水を通したり、冷却経路の本数を増やすなどがポイントです。その他にも、家電製品などの外枠の箱モノは、反りやすいことが昔から知られています。これは、角部内側は外側よりも熱がこもりやすいことが原因なので、角部だけ熱伝導率のいいベリリウム銅合金を採用して冷却効率を上げることもあります。

ただ、この冷却水経路も、製品の冷却の問題だけを考えて設計することができるわけではありません。金型の中には、分割されて加工された部分があったり、突き出しピンや傾斜コアなどが通っていたりなど、いろいろなものが組み込まれているので、これらを避けながら十分な冷却水経路も確保することが製品品質の良否や生産効率を決めるポイントにもなります。冷却経路の間違い設計によって成形不良が発生しても、一度加工した金型は簡単に冷却経路を作り直すことはできません。

CAEによる冷却解析もありますが、いくつかのケースを繰り返す解析には時間と費用もかかり、また精度の点でも限界があるので、こればかりに頼るわけにもいきません。他の考慮が必要です。

例えば、40項で説明したように、収縮率も温度以外の成形条件、例えば圧力のかけ方によって変わってきます。「そり」や「寸法」問題は収縮率に関係するものなので、金型冷却経路設計に限界があれば、他の手段（圧力や流し方など）も事前配慮した金型設計が理想です。

要点BOX
●肉厚や熱のこもり方などを考慮した配管設計
●金型に組み込まれた部品を避けるように設計しなければならない

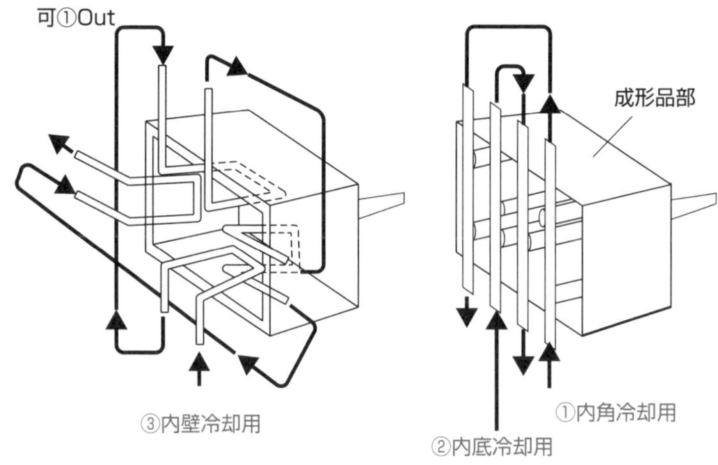

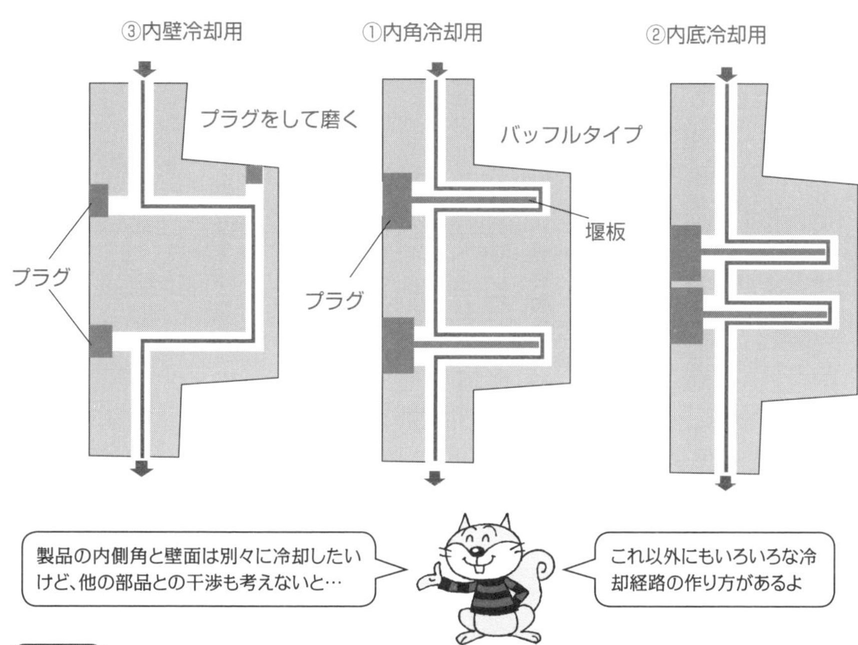

製品の内側角と壁面は別々に冷却したいけど、他の部品との干渉も考えないと…

これ以外にもいろいろな冷却経路の作り方があるよ

用語解説

バッフル：堰板で穴を分割して流路を行き返りさせる方法。冷却方法には、熱伝導率のよい金属を使ったり、スパイラル状の溝、ヒートパイプなどいろいろな方法がある。

45 金型メーカーの得意不得意

業界の傾向を見極めよう

　工業製品の分野には自動車、家電、光学製品などいろいろなものがありますが、それらに要求される品質にも大きな違いがあります。極端な例では、「鏡面仕上げ」といわれると鏡のような面の磨きなので、最終仕上げはダイヤモンドペーストで万単位の番手になる分野もあれば、#800程度の磨きをそう呼ぶ分野もあります。家電製品では箱物が多いので、箱そり原因と対策は常識となっている話をしましたが、その他の分野ではそうでもありません。また、業界によって使用材料も異なるので、材料が原因で発生するフローマークなども業界特有のものがあります。

　さらに、金型の作り方を考えると、自動車業界ではデザインが非常に重視され、形状は3次元的な金型が多くなります。前に述べたように、最終の合わせ仕上げは難しく、金型の品質上、重要なポイントです。平面的な合わせ面が多い業界の金型メーカーが、この点を知らずに参入して失敗した例は多々あります。

　すなわち、病気でかかる病院には内科、外科、小児科、整形外科など、専門医がいるように、金型メーカーにも得意とする分野があります。総合病院のようにいろいろな分野の専門家がいるような大手の金型メーカーも当然あります。しかし、それらの金型メーカーにしても、金型を作ることが専門の仕事なので、最終製品の品質まで責任を取ることはできません。この点、製品設計をして発注する側や成形メーカーが金型メーカーを過信して丸投げのようなやり方をすると、試作トライでいろいろな問題が生じ、開発期間の大きな遅れの原因となってしまいます。

　開発効率化のためには、金型メーカーの選定と、そのメーカーの成形に対するレベルを知り、密接な技術打ち合わせが大切です。

要点BOX

- 最終製品の品質は業界ごとの特徴がある
- 金型メーカーの役割と責任をしっかり理解してから発注すべき

金型メーカーと成形メーカーの会話

金型メーカー

成形メーカー

（金型発注前）

これまで、大手の家電メーカーの製品をたくさん受注してきています。

自動車部品の製品を頼みたいんだけど・・・

大丈夫です。大型の加工機もありますし、製品サンプル例を見てください。
家電部品は、そり問題や表面品質がうるさいんですよ。

そうかい。頼んでみようかな・・・

（成形トライ時）

バリがでますね。型締め力を大きくしてみましょうか?

CAEでは、型締め力が十分なはずなんだけど、おかしいなぁ??
ダイスポットで型合わせみせてくれる?

合わせは確認したんですけどねぇ・・・

これじゃぁ光明丹厚すぎるよ。曲がり部分の当たりが悪いよ。

ABSではバリでないんですけどねぇ・・・

材料粘度が違うよ。
これじゃぁ、やり直しだ。時間がかかりそうだなぁ・・・
時間かけてできればいいけど・・・・

用語解説

磨きの番手:#で示し、数値が大きくなるほど、粒子の平均径が小さくなり、磨きの粗さ程度が細かくなる。概略粒径は#800で20μm、#8000で2μm程度。

Column

日本の「当たり前」は海外では通用しないワケ

日本の製品の優れた品質については よく知られていますが、自動車や家電製品が海外に輸出され貿易摩擦問題になっていた時代がありました。特に、自動車や家電製品にはプラスチック部品が多く、当時の日本の金型技術は非常に優れていました。しかし、時代が変わり、製造業が海外に出て行くとともに、金型も日本で作っているわけにはいかなくなってきたのです。また、グローバル化してくると金型設計の標準化が進み、設計ツールはCAD化され、加工もCNCで行われるようになると、もはや日本でなくても作れるようになり、日本の金型産業はだんだんと弱くなってきました。

5軸加工機となると普通の企業では買えないほど高価ですが、中国などの海外企業ではどんどん購入して自動化をさらに進めているのが現状です。それでも、まだ金型の最終仕上げは、熟練技能者に頼らなければならないところも多くあり、この点が日本の強みでもあったのです。しかし、若い人たちの現場離れに加え、日本の熟練技能者も高齢化とともに優遇されなくなると、彼らは、伸び盛りの海外企業から要望されて指導しに行くようになり、海外も熟練技能を習得していくことになったのです。

さらに、日本の金型に対する設計の考え方が、ヨーロッパとは異なっている点も問題としてありました。日本の金型設計技術が世界のグローバルスタンダードではないのです。金型に使用される鋼材の開発も国によって力を入れるところが異なるので、日本で普及している鋼材が海外でも安いとは限りません。日本では安くて品質のよい鋼材でも、海外では高くなる場合もあります。また、日本では高い鋼材が、海外では安定した品質で安い場合さえあります。鋼材の価格は金型費に大きく影響するので、金型設計の考え方にも当然影響を与えることになります。

日本で柔らかい鋼材でも、成形現場の技術力でバリを出さずに生産できていても、海外ではすぐバリを発生させたりすることも多々あります。バリを発生して生産に支障をきたしたりすると、成形技術や現場教育問題よりも、そのような柔らかな鋼材を選択した技術者の責任になってしまうのです。

文化の違いにも考慮が必要なのです。

第6章

射出成形技術と生産改善

46 射出成形技術とは

料理と同じで良品を作るのは腕前

ここまでのところで、射出成形に必要な基本的なハード面は大体理解できたかと思います。材料である樹脂、樹脂を押込んで製品を作る射出成形機、そして樹脂を形にする金型の3つのハード（モノ）についてです。これらを使って製品を効率的に製造するには「成形技術」というソフト（知識・経験・技）が重要になります。効率的に、という意味は不良品を少なく、単位時間当たりの良品生産数量を多くすることです。すなわち、成形不良の発生に対してはその原因を知って短時間に解決し、成形サイクルを短く安定させて、目標生産数量を短時間で達成する技術と技能が大切になります。

料理に例えると、樹脂は食材、金型はフライパンや鍋などの調理器具、成形機はガスコンロ、オーブンなどの調理機器にあたり、料理の腕が成形技術に相当するともいえるでしょう。料理の味は、食材や調理器具、機器のレベルにもよりますが、違いがはっきり出るのは料理の腕前ですね。成形も同じなのです。

射出成形でも簡単なものであれば、樹脂を金型に射込むだけで問題のない製品を作ることもできますが、これでは付加価値は低いです。ちょっと複雑な製品や、寸法精度、表面状態（見栄え）などいろいろな点で厳しい品質が求められるようになると、成形の腕前が必要になってきます。その場合、金型の温度設定や樹脂の入れ方などの成形条件で対応できることもあれば、製品設計から修正しなければ直らない問題や、材料自体の問題、機械と材料との相性問題、金型の作り方、冷却水の配管具合の問題などが複雑に絡んで発生する問題もあります。違う言い方をすると、製品形状を変更したり、金型を修正することで直すべきケースも成形技術で対策できることもあるのです。

要点BOX

- ●効率的な生産には成形技術が大きく寄与する
- ●難しい製品の効率的成形が企業の価値となる
- ●成形技術を理解していると防げるトラブルも

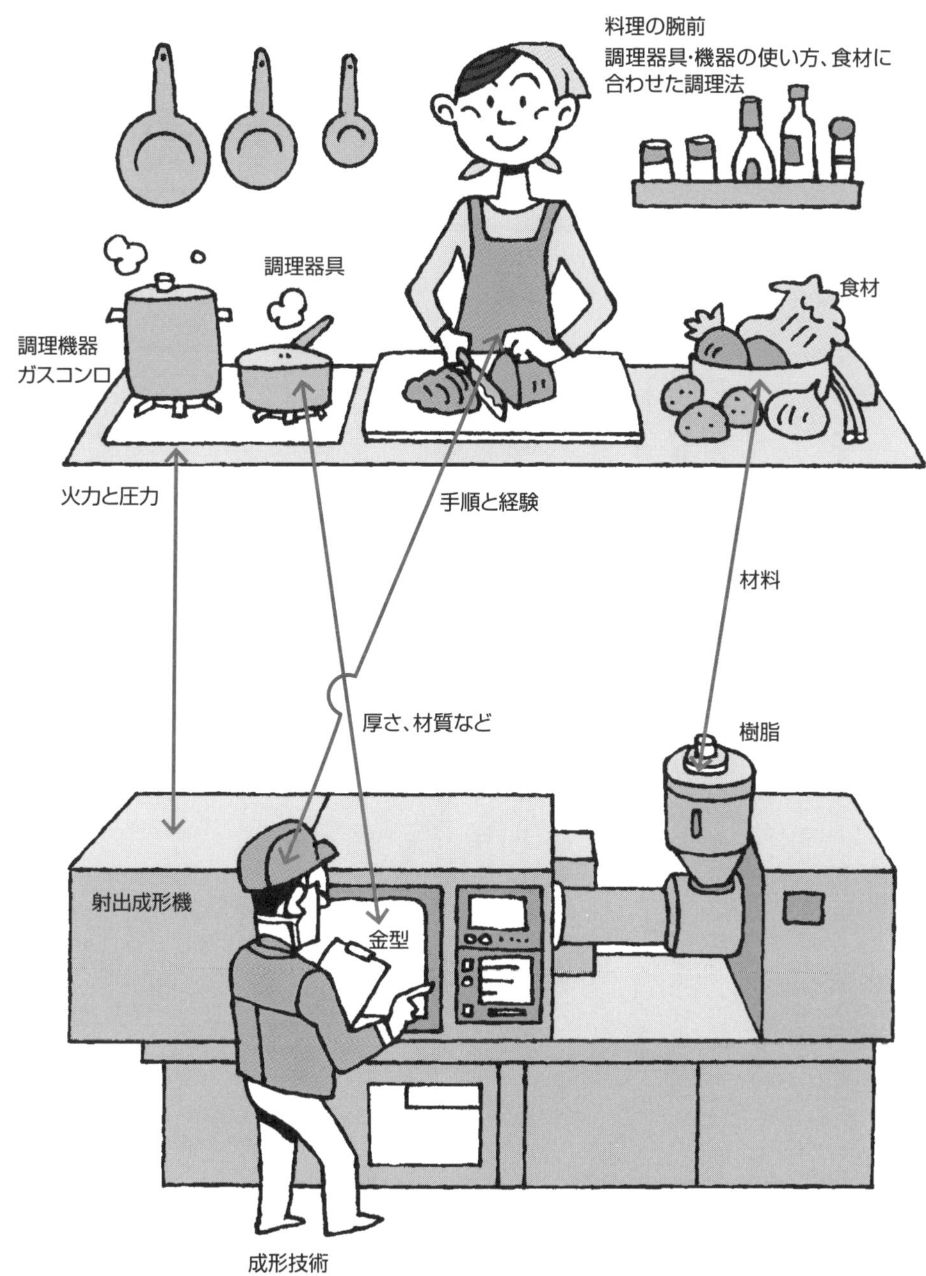
料理に例えられる射出成形
料理の腕前
調理器具·機器の使い方、食材に
合わせた調理法
調理器具
食材
調理機器
ガスコンロ
火力と圧力
手順と経験
材料
厚さ、材質など
樹脂
射出成形機
金型
成形技術

47 射出成形不良を知ろう

不良の種類・原因は多種多様

どんな製品にも良品と不良品はあります。射出成形品の不良としてどのようなものがあるのか、ざっと紹介しておきます。ただ「不良」とは設計時に顧客に求められる「良品の基準から外れたもの」なので、顧客の要求品質の厳しさの程度によっても異なります。

基本的なものは、製品である部分以外のところに樹脂がはみだした「バリ」と、それとは反対に、製品のあるべきところに入っておらず樹脂が欠けている「ショートショット」です。そして、表面が収縮によって凹む「ひけ」、収縮が製品内部に現れた「ボイド（気泡）」もあります。その他収縮に関係する不良としては、「寸法不良」「そり」「変形」も成形不良です。

表面に生じる不良としては、「ジェッティング」「銀条（シルバーストリーク）」「焼け」「ウエルドライン」「フローマーク」「突出し傷痕」「異物混入」「糸引き混入」などがあります。フローマーク（Flow mark）は日本語に訳すと「流動模様」となるので具体的な不良を表現している言葉ではないですね。言葉自体は英語ですが、成形不良の名称としては海外では通じず、Zebra mark（縞馬模様）、Tiger-stripe mark（虎縞模様）と呼ばれています。面白いですね。フローマークにはいろいろな原因で生じるものがあることが知られており、対策も異なります。その他、「ガラス繊維製品の浮き」「シボかじり」、製品の「強度問題」「色不良」などもあります。

不良にも、「連続して全品不良」となるものや、連続生産中に「時々発生」して良品率を下げるものがあり、それぞれによって対策方法も異なります。時々発生する不良とは、結局は何かが変化していることなので、原因調査範囲も広くなります。次項から、これらのいくつかの原因と対策例も紹介していきます。

要点BOX
- ●不良の基準は顧客の要求によって変わる
- ●不良の原因を知って対策を打つ
- ●連続生産中に突然起きる不良もある

射出成形不良の例

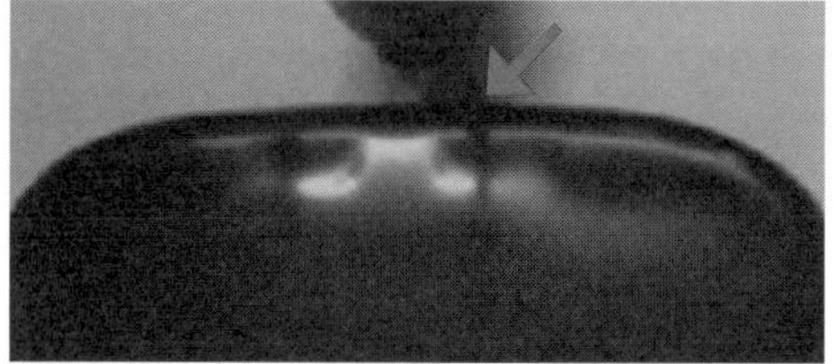

ひけ

ショートショット

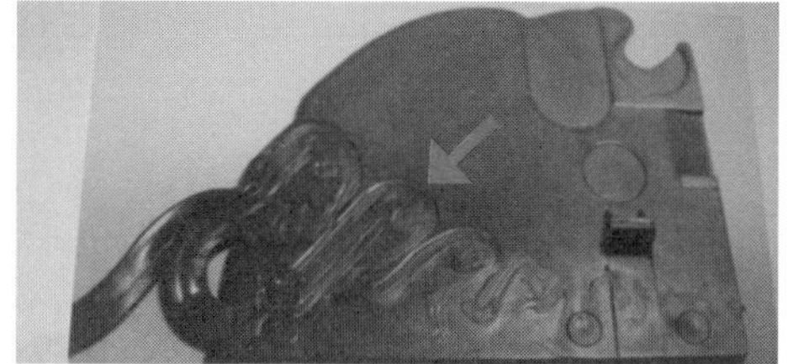

ジェッティング

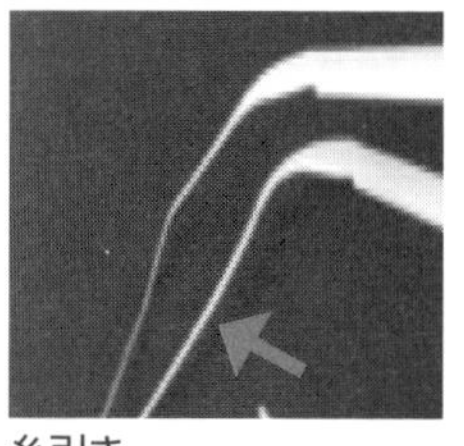

糸引き

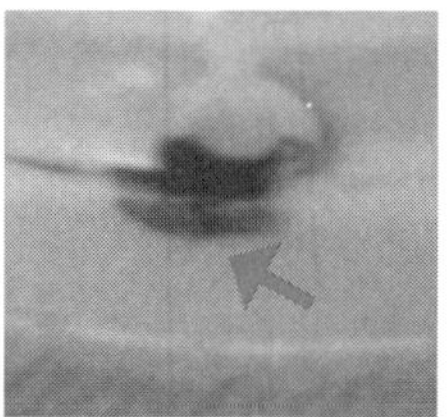

焼け

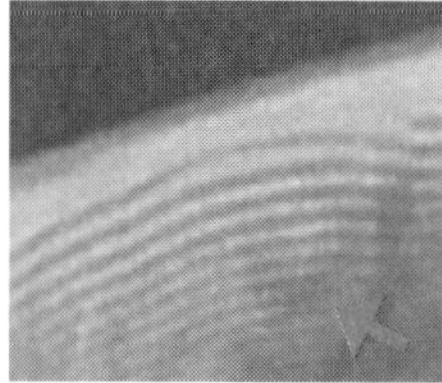

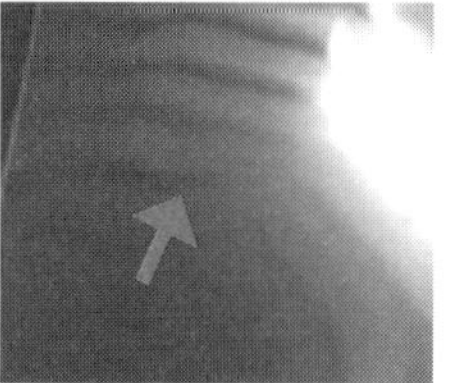

フローマークのいろいろ(原因も異なる)

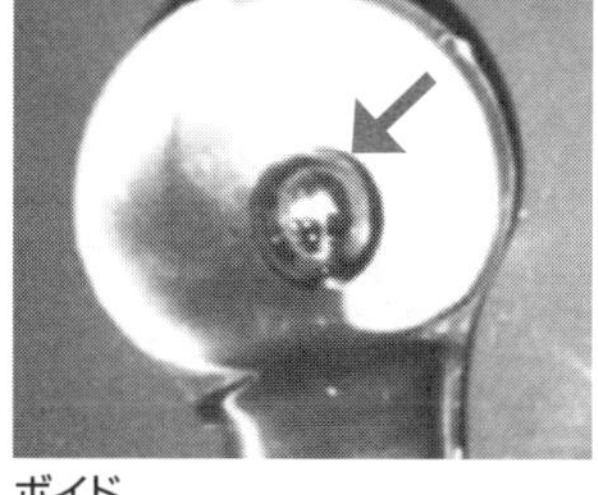

ボイド

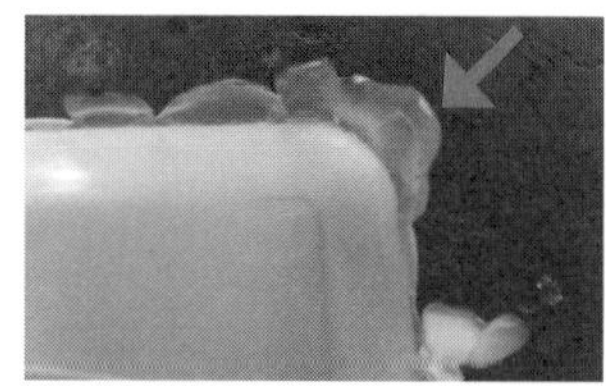

バリ

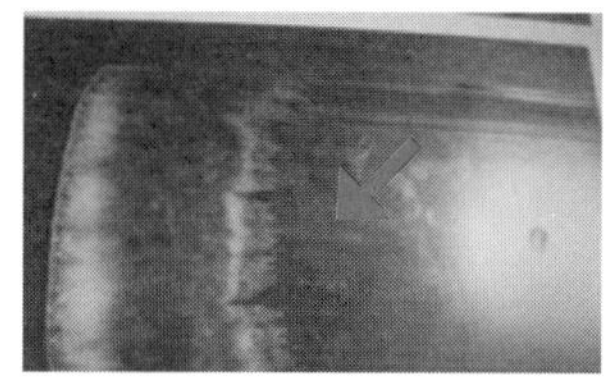

銀条

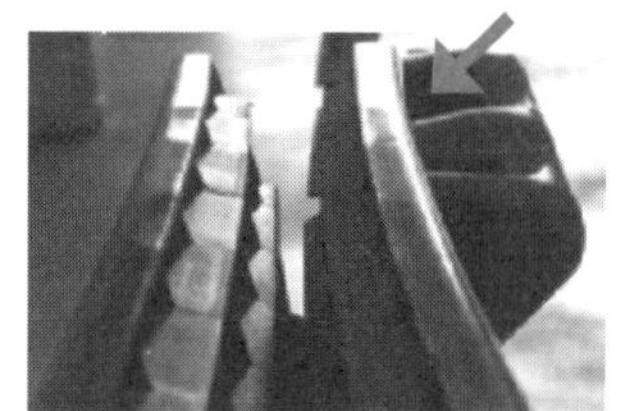

そり

ウエルドライン

48 金型での溶融樹脂の流れ方

機械側から金型のスプルー・ランナー・ゲートを通して、製品部に樹脂が流れていく状況を見てみましょう。

射出前には、機械のノズルは金型に接していす。ノズルから射出された溶融樹脂は、スプルーやランナーを流れて製品部に流れ込みます。この時、壁面に接した樹脂は冷えて固化し、その内部を溶けた樹脂が噴水（ファウンティン・フローと呼ぶ）のように流れるのです。その固化した表皮のような部分はスキン層と呼ばれます。このスキン層は金型の内壁に接したまま固定されるので、製品となった時に外観として見える部分です。

ガラス繊維などのような細長い形状の添加材が混ぜられている樹脂を観察するとよくわかるのですが、溶融樹脂が流れる時にガラス繊維は、表面でも断面方向でも複雑な配向をしながら流れていきます。この配向具合は、速度や温度によるせん断応力の違いによって異なるので、ガラス繊維の製品表面状態に与える影響も、射出速度や樹脂温度によって変化するのです。樹脂自体も繊維状の高分子なので、条件によって配向状況に違いが生じ、これが収縮率に影響を与える説明は40項でも少ししましたね。

樹脂カタログには、流れ方向（MD）、その直角方向（TD）の収縮率が記されていますが、あくまで参考情報なのです。収縮率がいろいろな条件によって変化することは、製品寸法やそり・変形などが成形それらいろいろな条件に影響を受けるということでもあり、最適な収縮率を決定するためには、左頁に示したような要因を事前に知った上で製品設計のほか、金型冷却、ゲート位置、成形条件を決定することが重要です。

要点BOX

- ●美観につながるスキン層
- ●樹脂の速度や温度が反映する配向具合
- ●成形条件の調整も念頭に

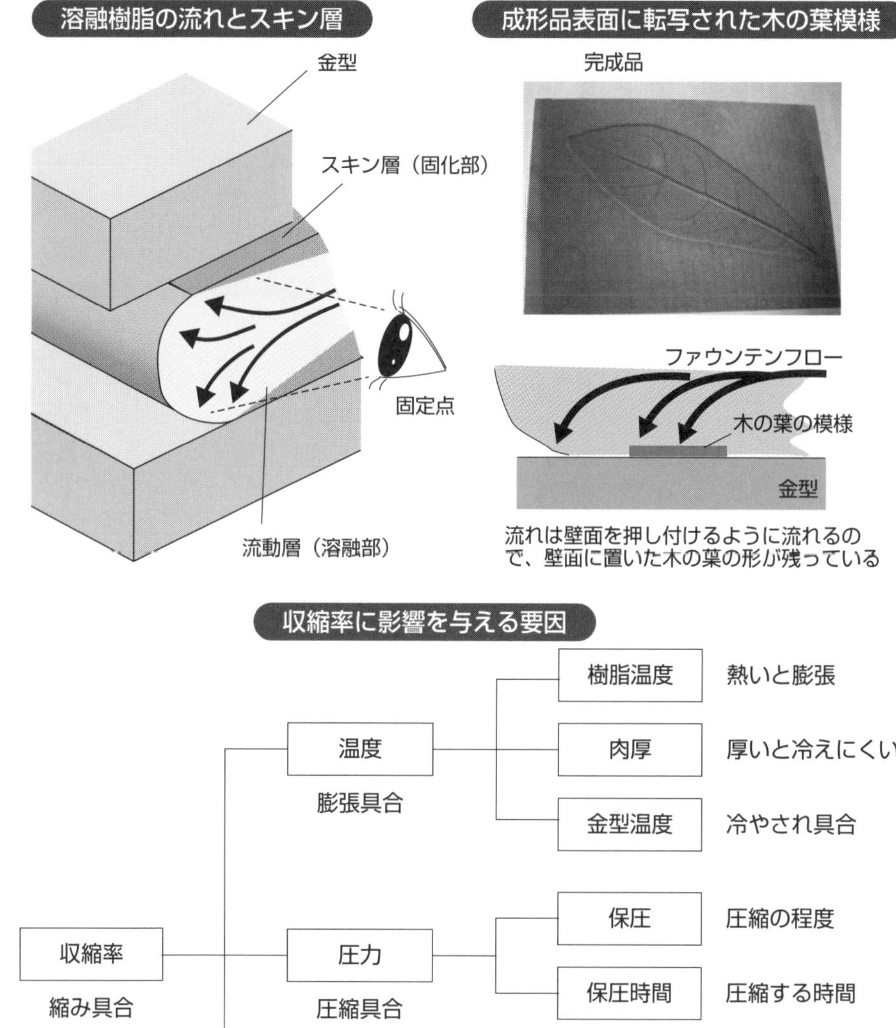

収縮率に影響を与える要因

収縮率	要因	項目	影響
収縮率（縮み具合）	温度（膨張具合）	樹脂温度	熱いと膨張
		肉厚	厚いと冷えにくい
		金型温度	冷やされ具合
	圧力（圧縮具合）	保圧	圧縮の程度
		保圧時間	圧縮する時間
	配向（並びの程度・方向）	樹脂温度	粘度が影響
		射出速度	ずれの程度
		製品形状	厚さが流れに影響
		ゲート位置	流れ方向に影響

49 スキン層と多段射出

射出速度との関係性

流動中にできるスキン層の成形不良には、流動が遅いと発生する成形不良、例えば波状のフローマーク（英語ではZebra markまたはTiger-stripe mark）や、逆に速いと発生する成形不良、例えばジェッティング（Jetting）などがあります。このような成形不良は、機械の射出速度で調整することになります（47項）。

ただ、1つの速度（一速）で問題が起きなければいいのですが、相反する成形問題が生じた場合には、その不良場所に応じた速度を調整できるように多段速度の設定ができるようになっています（30項）。スキン層のできる状況が理解できれば、射出速度の変化点と製品表面との関係もわかりますね。もし、ジェッティングとフローマークが発生したならば、ゲート直後の射出速度を遅くしてジェッティング対策を行い、その後、射出速度を速くしてフローマーク対策をするなど、成形条件を調整するのです（ただし、ジェッティングは金型のゲート形状の問題でもある）。

金型内を流れる樹脂速度が原因で発生する成形トラブルはいろいろあります。流動速度が速いと、製品の急な段差角部に溶融樹脂が回り込まないまま流動が進行して、段差部の空気を製品表面に引きずり出してシルバー（Silver-streak：銀条）という表面不良を作ることもあります。このような場合には、段差部での射出速度を遅くして対策します。また、流動速度が肉厚の不均一な製品のショートショットは、射出速度を変えることで対策できるケースもあります。

その他にも、射出速度を遅くしてスキン層を厚くすることでバリを出にくくする対策など、多段射出速度の調整によって成形条件の幅を広げる方法などいろいろあります。

要点BOX

- 流動が遅いとフローマーク、速いとジェッティングという成形不良に
- 多段速度の設定で不良場所に応じた調整が可能

スクリュー位置と成形品表面の関係

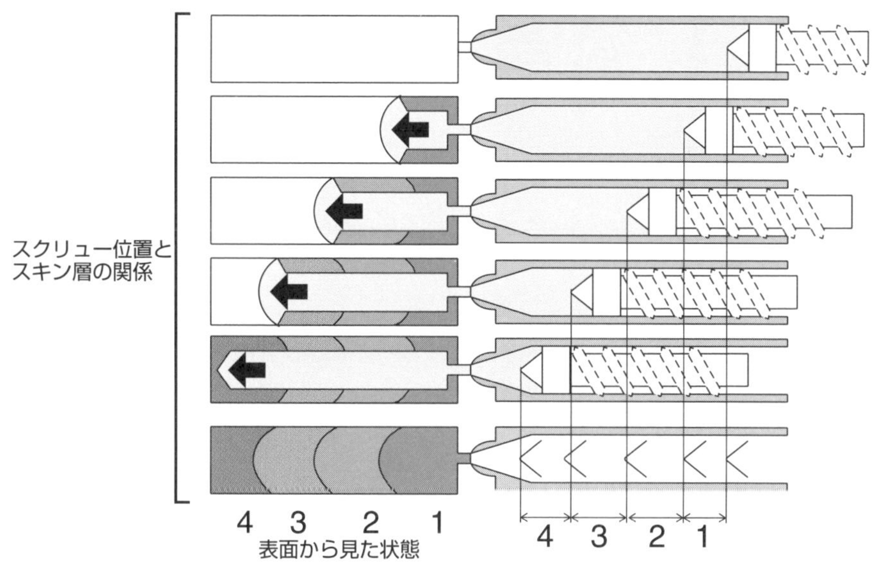

多段射出による不良対策例

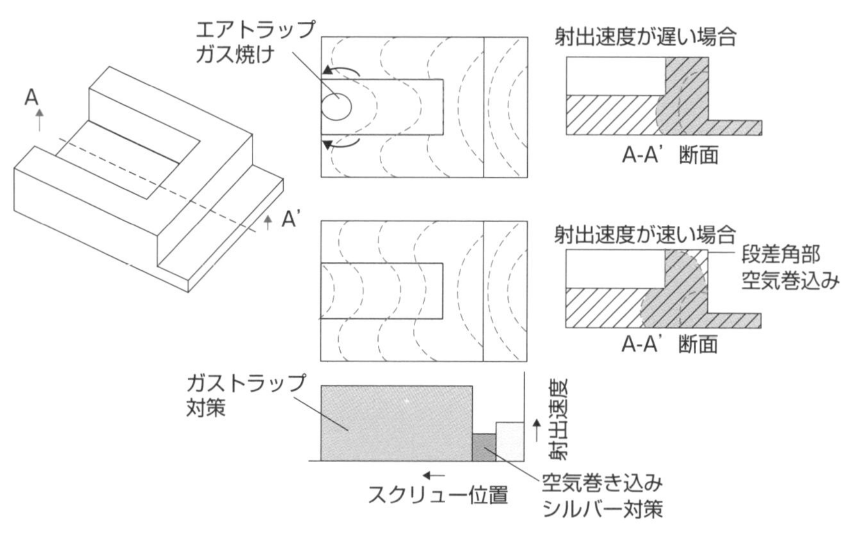

50 製品寸法と多段保圧

樹脂の圧力を調整する方法

次に多段保圧について説明します。保圧は、金型製品部の樹脂が徐々に収縮する分の追加補充のための工程でしたね（30項）。この時、低い保圧では収縮量が大きくなるので寸法も小さくなってしまい、逆に高い保圧では収縮量が小さくなるので寸法は大きくなると説明しました。

ところが、製品内部の圧力状況を考えてみると、通常、ゲートに近いほど圧力は高く、流動先端に行くほど圧力は低くなっています。この場合、収縮率もゲート近くでは小さく、ゲートから離れると大きくなりますね。すべてが許容公差内であればいいのですが、そうでなければ金型を修正するか公差を広くしてもらうなど、何か案を考える必要があります。ただ、金型修正とは部分的に金型寸法を変えることになり、修正費用が必要です。公差が設計上、必要なための数値である場合には、交差を広げることは当然、認めてもらえません。

調整方法の1つの例として、一度高い圧力で先端部の寸法調整をした後、保圧を少し下げると金型内から樹脂が逆流してゲート近傍の圧力を下げることができます。この場合、2段の保圧を使うことで製品内部の圧力のバランスを調整して、先ほどの寸法対策を成形条件で行うのです。逆に、ゲート付近を流動末端よりも、もっと大きな寸法にしたい場合には、流動末端が固まり始めた頃、2段目の保圧を高く設定する方法もあります。

その他の例としては、金型にバリ癖がついてしまった時などには、充填ぎりぎりで、バリが発生しない程度の低い保圧に一旦低下させ、少しスキン層が固まるのを待ちます。そしてスキン層がバリを堰止めた頃を見計らって保圧を高くして、製品の寸法調整をするなどの方法もあります。

要点BOX
- ●通常ゲートに近いほど圧力は高い
- ●段階的に保圧を調整した成形不良対策
- ●本来、金型の問題を一時的に解決する策

多段保圧による寸法調整例

保圧を下げてゲート近くを小さくする

ゲートが固化する前に保圧を段階的に低くすることで、ゲート近傍に樹脂を逆流させて寸法を小さくする

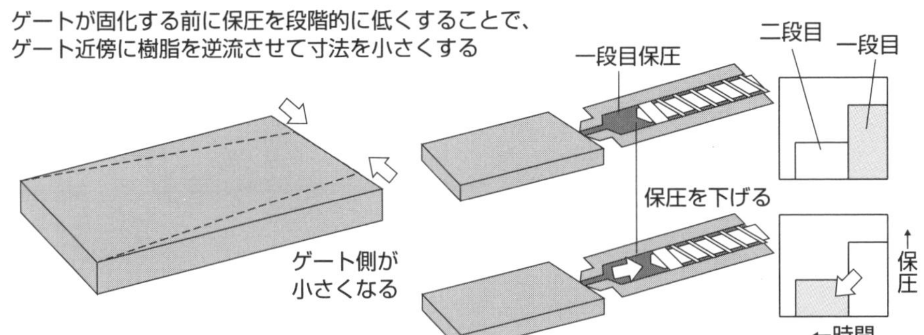

保圧を上げてゲート近くを大きくする

ゲートが固化する前に、二段目の保圧を高くすることで、ゲート近傍の寸法を大きくする

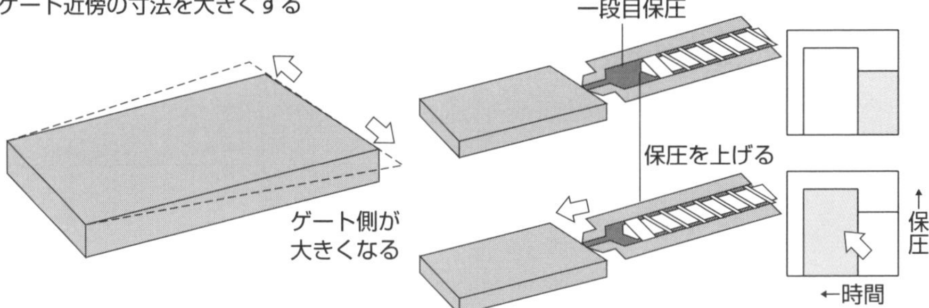

多段保圧による外観調整例

一旦ひけ状態でスキン層を固めてバリ対策を行い、その後、保圧を高くしてひけを対策した例

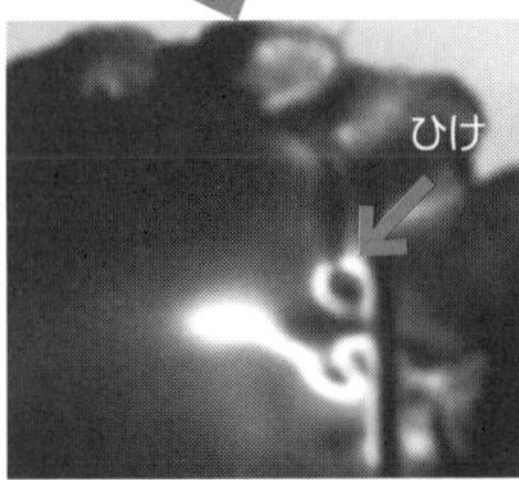

保圧を高くするとバリが発生し、圧力が逃げてひけも発生

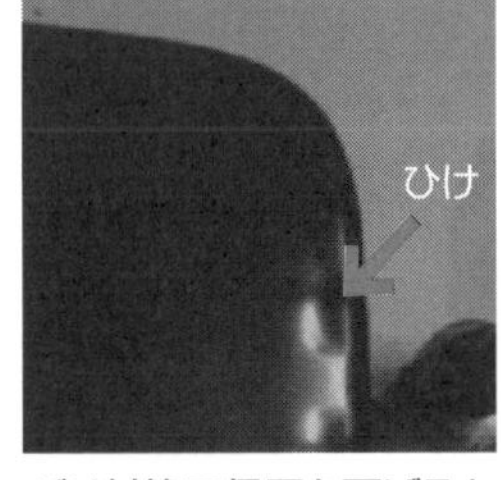

バリ対策で保圧を下げるとひけ発生

多段保圧によるバリ・ひけ対策

51 製品設計とひけ、そり・変形

収縮量が原因となる不良

射出成形のトラブルとして、収縮によるいろいろな問題がありましたが、ここではわかりやすい不良の例として、ひけとそり・変形について説明します。

例えば、リブやボスのような部分の根元は他の部分より冷却が遅くなるので、その部分だけ収縮が大きくなります。それが製品表面に凹みとして現れたものがひけです。この凹みの程度を小さくして目立たなくする基本的なやり方としては、基板肉厚に対してリブ、ボスを薄くしたり、根元を局所的に肉盗みするなどの設計面での対策があります。あるいは、表面を粗くしたり、シボなどで凹凸を付けてひけを目立たなくする方法などもよく行われます。保圧を高くして収縮量を小さくする成形条件面の対策もありますが、製品寸法も大きくなるのでバランス調整が必要です。もう1つの方法は、表面に現れた収縮分を製品内部に発生させてボイド（気泡）としたり、あるいは製品の裏側にひけを発生させて表面には見えないようにする成形テクニックもありますが、ここでは成形条件の詳細は省略します。

同様に、そり・変形も製品の部分的な収縮量の違いによって発生するものです。これもよく経験する成形不良です。この事前対策としては、製品設計や金型設計が非常に重要です。しかし、すでに現場で発生してしまった手遅れの変形を対策するには、変形した製品を切断して、どの部分が原因で製品を変形させているかの原因を探します。そして、収縮率は温度、圧力、速度、肉厚などによってもある程度は調整できるので、その方法を見つけていくことがポイントです。変形した製品を矯正治具によって形状調整することは、後々、大きな品質問題になるので十分注意しましょう。

要点BOX
- ●ひけ対策は設計段階から事前に準備
- ●ひけの見え方は製品表面状態にもよる
- ●変形の原因は製品を分断して調査する

ひけ程度はリブ厚さに関係

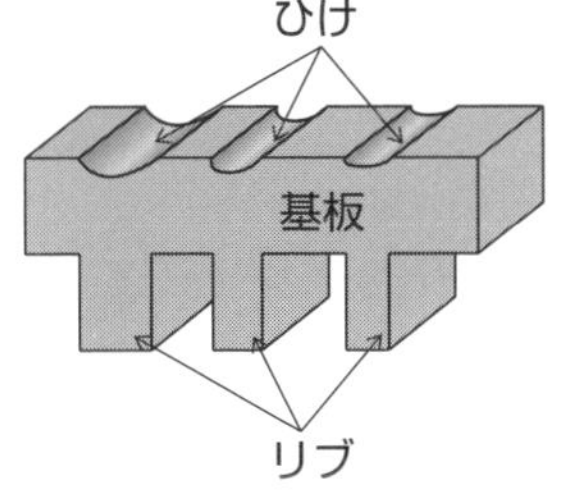

リブが厚いほどひけも大きい。
リブは薄く設計する

リブひけ対策例

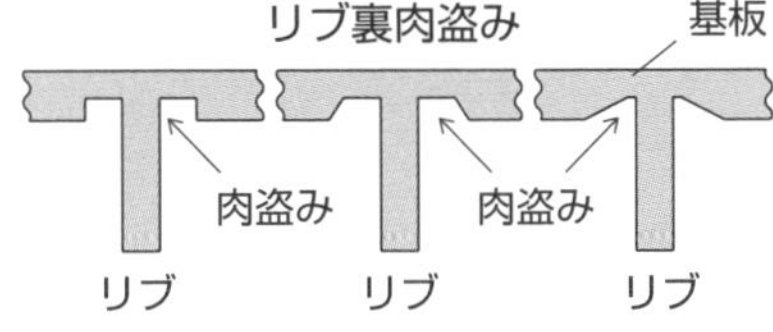

表面の違いとひけの見え方

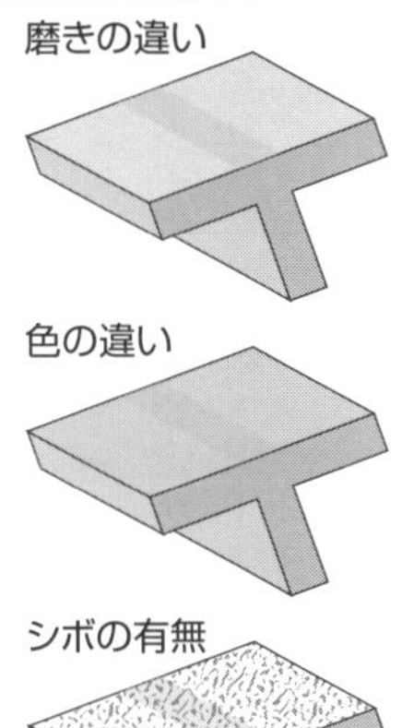

着色、表面粗さ、シボなどの利用によって目立たなくなる

121

収縮量の移動

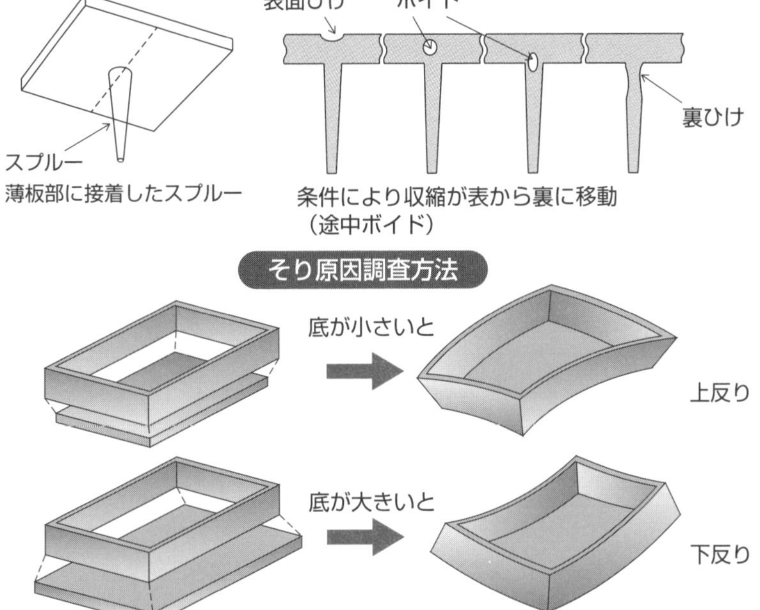

薄板部に接着したスプルー

条件により収縮が表から裏に移動
（途中ボイド）

そり原因調査方法

そりが発生した場合、製品を切断してどの部位が変形の原因かを探る

52 銀条と可塑化条件

サイクルを踏まえたスクリュー回転数

スクリューの可塑化のメカニズムについては28項で説明しましたが、もう少し成形条件との関係について考えてみましょう。

スクリュー回転数を大きくすると可塑化時間は短くなりますが、スクリュー溝内部での溶融部とペレット部が混合しやすくなることも想像できると思います。この点を踏まえると、良好な可塑化状態のためには、なるべくゆっくりした回転の方が望ましいことがわかります。ただ、計量時間が冷却時間よりも長くなるとサイクルが長くなるので、その点も考慮した設定が必要です。

溶融部の樹脂輸送量が個体輸送部より大きいと、材料供給が追いつかなくなってその中間部に材料のない部分が一時的に発生し空気を巻き込みやすくなります。これはシルバー（銀条）の原因となるので、溶融部輸送能力を下げるためにスクリュー背圧増加も一案です。しかし、背圧が高すぎると、計量時間を長くしたり、樹脂温度が高くなるので、これも適度な調整が必要です。また、機械と材料の相性によっては、供給部で材料が空回りするような場合もあるので厄介です。この場合、供給部の材料温度やシリンダー温度調整で材料とスクリュー・シリンダーとの摩擦具合が調整できることもありますが、場合によっては、違う形状のスクリューにするなどの対応が必要とされる場合もあります。

当然、材料の添加剤である滑剤を調整することも考えられますが、量産開始後の材料変更は相当難しい問題なので、期待はできません。ただ、もし、同じ機械で前回は何の問題もなかったけれど、今回は可塑化に変化が起きて直らない…といった時には、スクリューやシリンダー汚れによる摩擦係数変化や、材料自体が変化して影響することも考えられます。

要点BOX

- ●ゆっくりとしたスクリュー回転は可塑化に良好
- ●空気の巻き込みがシルバーの要因
- ●材料側にトラブルの原因があることも

溶融樹脂に含まれた気泡が銀条となる様子

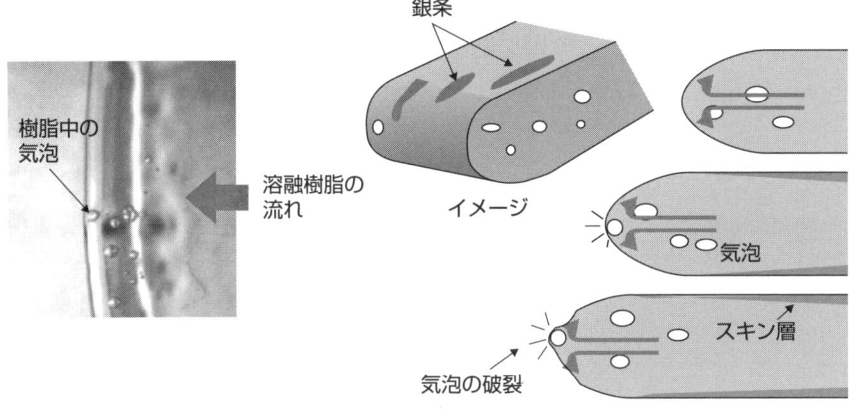

輸送能力問題が原因の空気巻き込み

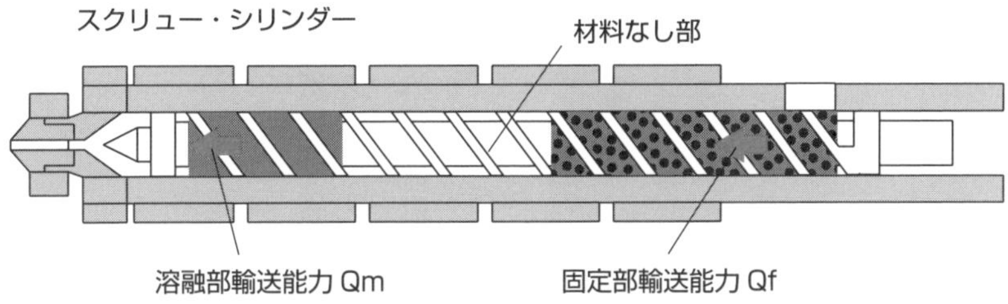

可塑化条件調整による銀条対策例

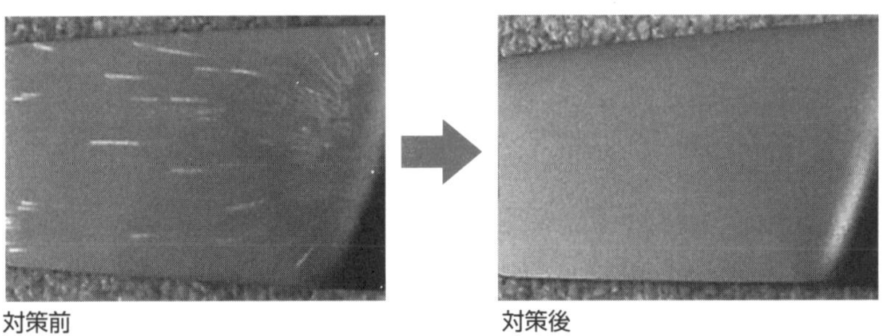

シリンダー温度とスクリュー背圧にて調整した例

用語解説

銀条の原因：可塑化問題だけでなく、金型を樹脂が流動していく過程で空気を巻き込むこともある（49項に詳述）。

53 生産性の向上

時間当たり良品数量を増やす

　ここからは生産改善として、単時間当たりの良品数量をどのように多くするかについて説明します。

　良品数とは、全生産数量から生産立ち上げ時の不安定領域の不良数と、生産途中での不良数を引いた数量です。ある時間内の総良品数量を多くするには、①段取り時間の短縮、②生産開始後の立ち上げ時間の短縮、③成形サイクル自体の短縮、④生産途中での不良数を減らす（生産の安定化）があげられます。①は金型や材料交換の効率化、②は金型の予備段取り（金型予備温調など）がありますが、ここでは成形技術とは少し異なる話になるので省略します。

　③成形サイクル自体の短縮は、成形技術に入ります。成形サイクルを構成するどの工程をどのように短縮するのか、あるいはサイクル短縮に伴う製品品質変化にどのように対応するのかということなので、次項で詳しく説明します。

　④生産の安定化については、㋐成形サイクルの安定化（冷却時間と可塑化時間との調整、取出機と中間時間の調整）、㋑射出時間の安定性（圧力設定と速度設定、樹脂温度の安定化）、㋒可塑化計量の安定化（スクリュー回転数、背圧、シリンダー温度設定の最適化調整）、㋓金型温度、シリンダー温度の安定化、㋔射出充填時金型安定化（金型合わせ、剛性）などのポイントがあります。

　成形条件は量産用に設定されているはずなので、連続生産時の型開閉時間、射出時間、可塑化時間、射出前計量位置、クッション量などのデータをグラフや統計値を分析することで、どの部分が不安定なのかを探すことができます。不安定要素を見つけて、それに関連付けられた改善策とつなげられれば、データを活用した効率化になるはずです。

要点BOX
- ●時間当たりの良品数量を増やす4つの手法
- ●成形サイクルや射出時間などを安定化する
- ●データをもとに不安定な要素を抽出する

金型交換から量産まで(工程順)

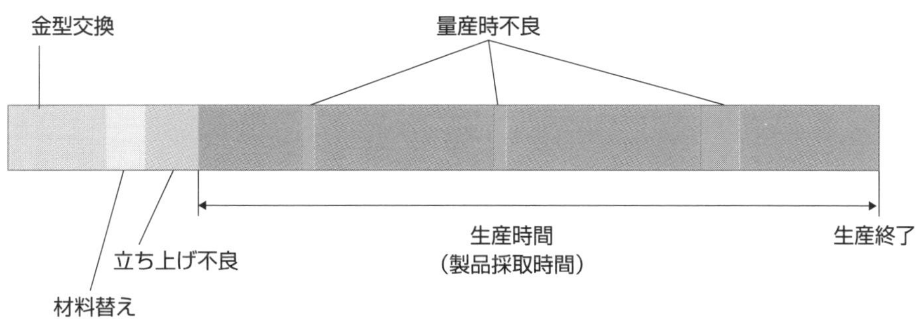

量産時間の内訳(全体に占める割合)

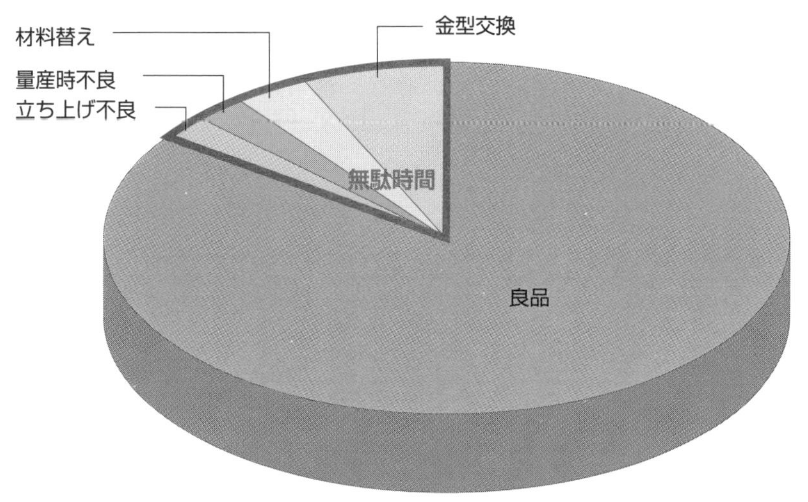

金型温度安定までの時間(例)

(℃)
40
38
36
34
32
30
28
26
24
22
20

金型表面温度

立ち上げ期間

ショット(時間)　生産時間

54 成形サイクルの短縮方法

製品品質を維持したまま行う

在庫削減のためにも多品種少量生産、すなわち、いろいろな製品を受注数に合わせて生産する方法が通常のやり方です。そのため、前項の段取り時間の短縮と、生産開始後の立ち上げ時間の短縮が重要となるのです。しかし、これらに加えて、1台の機械での生産数を増やすために、成形サイクルの短縮も重要です。機械の使用時間に余裕がなければ、別の機械での分担や、場合によっては新しい機械の購入、あるいは外部への仕事の分担（外注）などの検討も必要となり、会社の損益に大きく影響する問題になることは容易に想像できますね。製品品質を保持したまま成形サイクルを短縮することは、非常に重要なポイントになるのです。

まず、成形サイクルの短縮において、2点に大別して説明します。成形サイクルのうち、①製品品質に直接関係しない部分と、②製品品質に直接関係する部分です。①は製品が固定側、可動側の金型で挟まれていない時間で、型開閉、型締め、取り出しの時間になります。この点については、成形技術を知らなくても工程分析を徹底的に行うことで短縮できます。型開閉、型締め速度、機械の無駄時間の調査、取出機と機械との同時動作化などです。

②は、成形技術が必要な、金型内に樹脂が入っている射出・保圧時間と冷却時間です。まず、可塑化時間と冷却時間の短縮を試していきます。この時間を短縮すると、製品の取り出し製品温度が上昇してきますが、最近ではサーモカメラが安価になってきたので、取り出し後の製品温度分布によって具体的な温度分布を確認しながら対策を考えます。最後は、射出・保圧時間の短縮です。この部分は製品品質に直接影響を与え、不良も発生しやすいので、高度な成形技術が要求されます。

要点BOX

- ●工程分析によるムダの削除
- ●冷却状況はサーモカメラの活用などで効率化
- ●射出・保圧時間の短縮は高い成形技術が必須

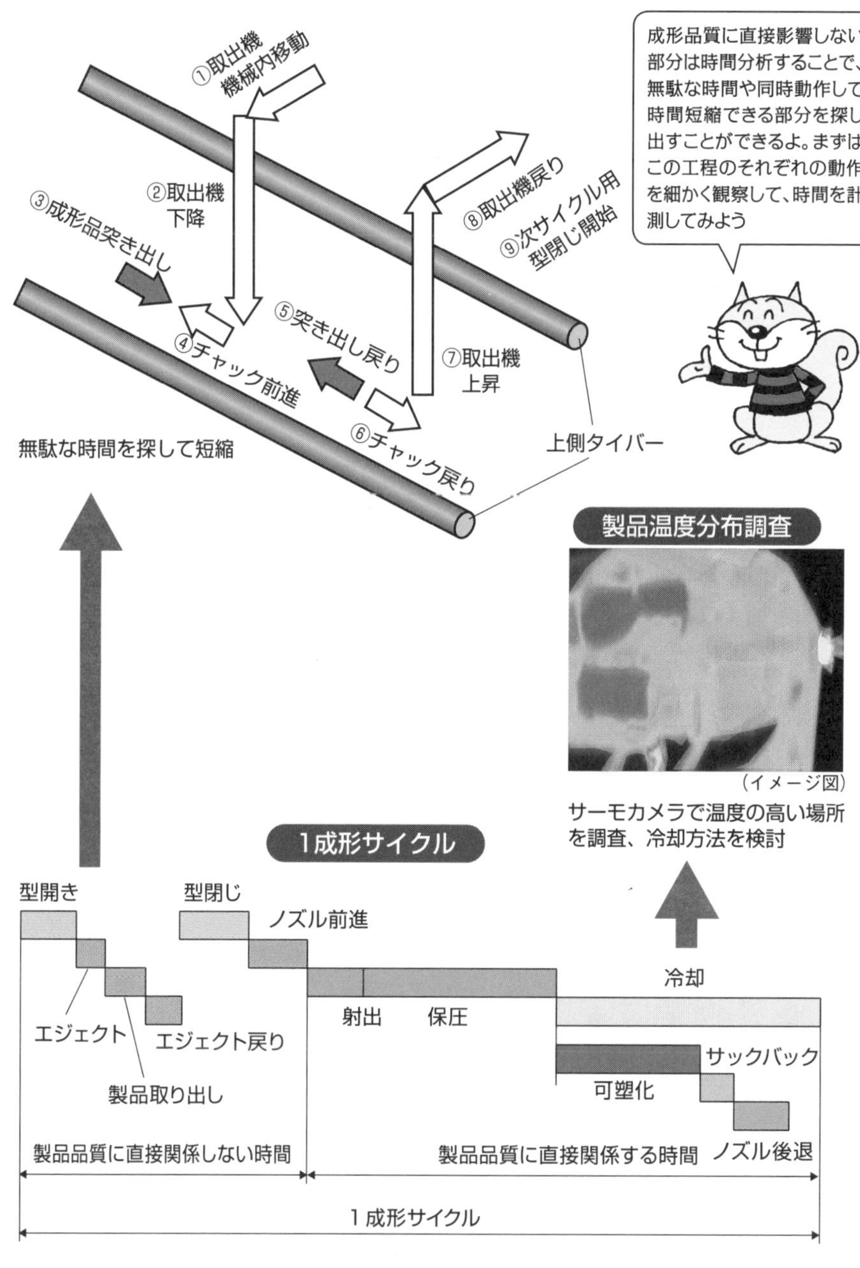
型開閉・取り出しの時間分析例
①取出機
機械内移動
②取出機
下降
③成形品突き出し
④チャック前進
⑤突き出し戻り
⑥チャック戻り
⑦取出機
上昇
⑧取出機戻り
⑨次サイクル用
型閉じ開始
上側タイバー
無駄な時間を探して短縮
成形品質に直接影響しない部分は時間分析することで、無駄な時間や同時動作して時間短縮できる部分を探し出すことができるよ。まずはこの工程のそれぞれの動作を細かく観察して、時間を計測してみよう
製品温度分布調査
（イメージ図）
サーモカメラで温度の高い場所を調査、冷却方法を検討
1成形サイクル
型開き
型閉じ
ノズル前進
エジェクト
エジェクト戻り
製品取り出し
射出
保圧
冷却
サックバック
可塑化
ノズル後退
製品品質に直接関係しない時間
製品品質に直接関係する時間
1成形サイクル

55 射出成形技能検定

知識と経験を身につけて挑む

職業能力開発促進法に基づく国家検定試験にプラスチック成形があります。その職種としては、射出成形、圧縮成形、インフレーション成形、ブロー成形があり、資格レベルとしては2級、1級に分かれています。合格すると、例えば「1級射出成形技能士」と称することができます（射出成形のみ3級もあります）。また、その上位資格として特級がありますが、これは職種を限定せず、「特級プラスチック成形技能士」と称することができます。

受検資格としては、基本的には特級：1級合格後、実務経験5年以上、1級：実務経験7年以上、2級：実務経験2年以上、3級：実務経験6ヶ月以上となっています。すなわち、受検するためには、技術に応じた経験年数も必要とするのです。

特級には成形作業の実技試験はありませんが、1・2級では金型と機械を使った実技試験があります。

射出成形でいうと、金型を機械に取り付け、2種類の樹脂で成形条件を調整してサンプルを採取して、金型を降ろす作業までを制限時間内で完了するものです。成形不良としては、ひけ、ボイド、ウエルドライン、擦り傷、そり、場合によっては銀条が発生するのでその対策をしますが、なにより機械操作の慣れが必要です。

技術者にとっては、金型作業の知識は必要ないかもしれませんが、自分自身で機械を操作して成形条件を調整することの意義は大きいものがあります。製品開発の試作段階で、ただ成形条件を現場に任せているだけだと、問題点を見つけ損ねることが多々あるからです。成形トラブルの発生原因としては、これまでにも説明してきたように、樹脂材料、金型、成形機、成形条件、製品設計などが複雑に絡んでいるので、その絡みを解き明かすには、現場対応力も必要なのです。

要点BOX
- ●プラスチック成形の職種である射出成形
- ●受検資格に実務経験が求められる
- ●機械操作に慣れ不良対策を行う

射出成形の国家技能検定試験

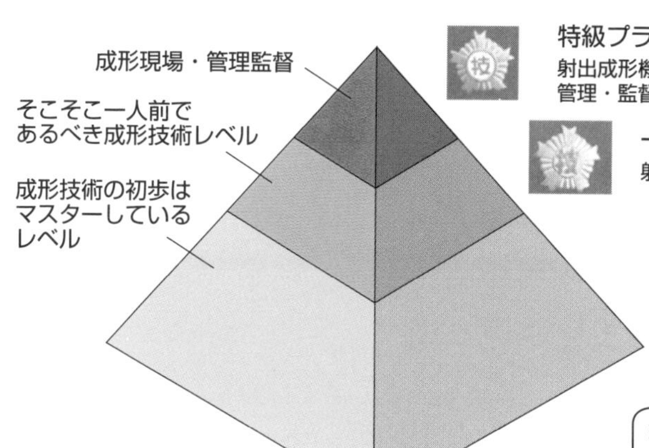

特級プラスチック成形技能士
射出成形機操作試験はなし
管理・監督試験

一級射出成形技能士
射出成形機操作試験

二級射出成形技能士
射出成形機操作試験

現在では、結構資格保持者も増えてきたよ。海外では、この制度を見習っているところもあるんだ

射出成形技能検定学科試験の項目(1,2級)

- ●プラスチック成形法
- ●成形材料
- ●射出成形機
- ●射出成形の周辺機器と金型
- ●成形条件と成形不良
- ●加飾、着色、二次加工、およびインサート
- ●電気基礎、油圧基礎、品質管理、安全、設計製図 JIS、法規

やって見せて、
説明もきちんと
することが大切なんだ

世界で通用するには、
ペーパードライバーじゃ
だめだよ

Column

取り巻く環境により異なる日本と欧州の強み

いろいろな新しい成形技術による製品開発は、日本よりもヨーロッパの方が盛んに行われていると感じます。世界で最も大きなプラスチックの展示会は、ドイツのデュッセルドルフで行われるKショー（KはKunststoffeの頭文字。ドイツ語でプラスチックを示す）です。そこでは、日本の展示会では見ることのできない、いろいろなプラスチック成形の機械や新技術が一堂に会します。

しかし、現場での成形不良問題の対策技術となると、話は異なります。筆者の海外での成形不良対策の実経験を振り返ると、日本の方が優れているように思わざるを得ません。その要因としては、2つのことが考えられます。

1つ目は、日本で三現主義（現場、現物、現実）が発展したように、技術者も現場に入って問題の調査と対策を行える背景があります。海外では、技術者（Engineer）の現場での調査や対策は、現場技能職（Technician）の範疇を犯して仕事を奪う可能性があるため、法律や制度面での規定がある国もあります。それと同時に、技術者の話を聞いていると、彼らのプライドの問題として技能分野の仕事（作業）をすることに抵抗があるようにも感じたことがあります。しかし日本では、国家試験であるプラスチック成形技能検定を受検する技術者も多く、技能士1級以上は名刺に記載するほど認知されている点、現場成形技能も1つの技術分野として考えられているといった点に違いもあるようです。

もうひとつは、日本での成形加工学会において、射出成形のいろいろな問題の可視化実験や成形不良問題を、大学の研究者をはじめ、樹脂メーカーや成形機メーカーの技術者などが活発に活動してきた結果、数多くの成形不良問題の原因解析がなされたこともあると思います。そりや銀条、いろいろなフローマーク、ジェッティングなど、数々の成形不良を学術面から解析することで、原因がはっきりと理解されるようになりました。それまで現場の腕でやってきていた対策も、その根拠が明確に説明できるようになったからです。ただ、その知識による口頭での説明だけでは現場をリードすることはできません。自ら「やって見せる」ことで、やっと、現場も納得してくれるのです。

第7章

射出成形品の加飾

56 着色と塗装

美観を左右する加飾

加飾は、製品の外観の見栄えをよくするために行われます。その1つに、製品に色を付けるという方法があります。これには①樹脂材料自体への着色と、②成形後に色を付ける塗装があげられます。

材料に着色する方法としては、㋐ナチュラル（着色前）材料に着色剤を加えてあらかじめすべての材料ペレットに色付けしておくカラード・ペレット方式、㋑濃縮した着色ペレット（マスターバッチ）をナチュラル材に混ぜて射出成形機の可塑化装置で色を混合する方法、さらに㋒パウダー状（ドライカラー）や液体状（リキッドカラー）の着色材を、事前にタンブラーなどでナチュラル材と混ぜて射出成形機に供給する方式などがあります。それぞれ順に㋐価格は高いが品質は安定しやすい、㋑取り扱いやすいが混合率や混合条件管理は重要、㋒安価だが取り扱いが厄介といった長所・短所があります。

塗装は通常、成形した後、換気をよくした塗装ブースで、製品表面にスプレーで塗装液を噴霧します。ただ、ポリプロピレンやポリエチレンなど、材料によってはそのままでは塗料が製品面に密着しないものがあります。これらの材料の表面が化学的に非常に安定しているため、接着が難しいことが原因です。このような場合、塗装する部分にプライマーという事前の表面処理を施したり、火炎やコロナ、プラズマ放電などで表面を活性化した後に塗装します。

塗装後は、所定温度の炉を通して乾燥します。乾燥にはある程度の温度と時間をかけるので寸法変化が発生します。プラスチック成形品は通常でも経時変化によって応力緩和や再結晶化がゆっくりと進行しているのですが、加熱処理によって、時間的に促進されるのです。

要点BOX
- ●樹脂材料自体に色を付ける着色
- ●成形後に色を付ける塗装
- ●塗装後の乾燥時には寸法が変化する

材料の着色方法

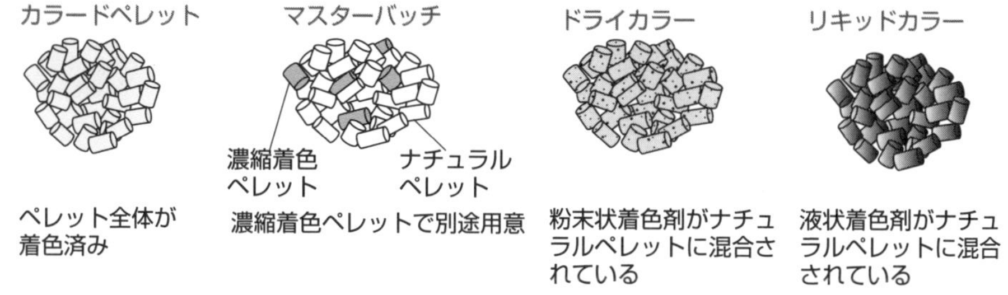

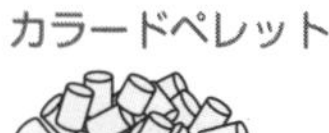

カラードペレット
マスターバッチ
ドライカラー
リキッドカラー
濃縮着色
ペレット
ナチュラル
ペレット
ペレット全体が
着色済み
濃縮着色ペレットで別途用意
粉末状着色剤がナチュラルペレットに混合されている
液状着色剤がナチュラルペレットに混合されている

塗装の工程

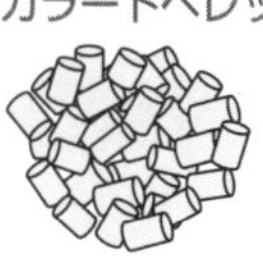

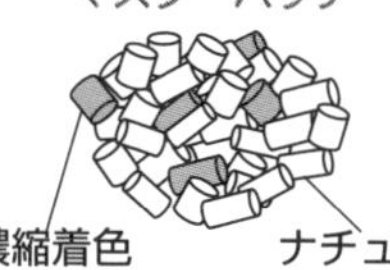

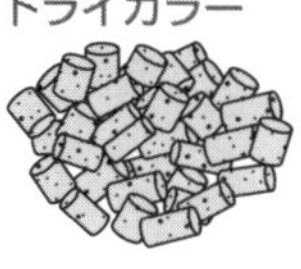

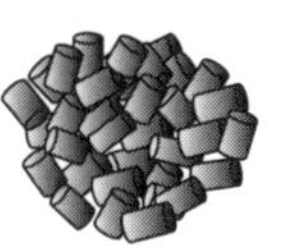

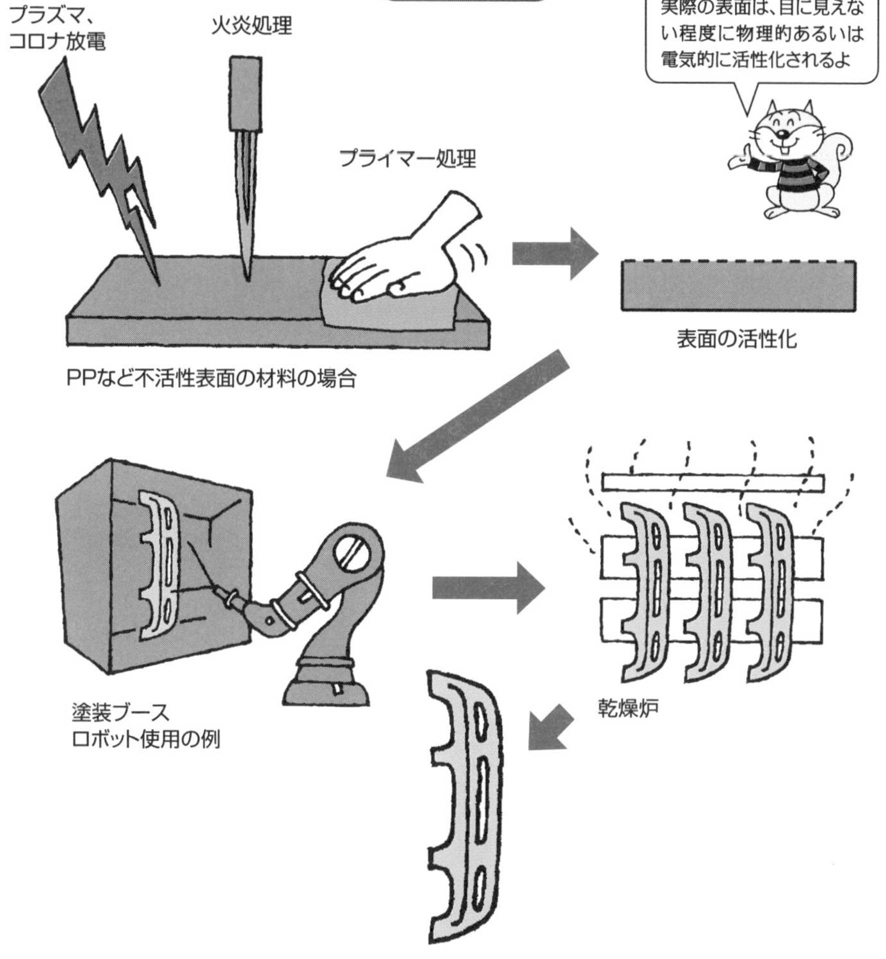

プラズマ、
コロナ放電
火炎処理
プライマー処理
実際の表面は、目に見えない程度に物理的あるいは電気的に活性化されるよ
表面の活性化
PPなど不活性表面の材料の場合
塗装ブース
ロボット使用の例
乾燥炉

57 めっきと真空蒸着

光沢の高級感と金属的な質感

製品の高級感を高める方法の1つとしては、ピカピカの金属表面のような光沢を出す方法があります。光沢を上げると、微細な凹凸の乱反射のむらや、ちょっとした表面のうねりが目立つようになります。凹凸を小さくするためには、使用する金型の金属自体の最小粒度も関係するので、これに対応した鋼材の選定も重要です。また、少しのうねりがあるだけで、反射された対象物のゆがみも目立ってしまうので、職人の技能（腕）が必要となり、自ずと高価になります。

製品に金属被膜を付ければ金属表面のような質感を得ることができます。この方法が、めっきや真空蒸着です。勘違いしやすいのですが、「めっき」は日本語です。英語ではPlatingといいます。

めっきは被膜を付ける点では塗装と似たところがありますが、金属皮膜である点が異なります。このため処理方法も違います。

塗装が樹脂面との密着が必要であったことはめっきも同様ですが、密着の原理は違っています。金属皮膜を樹脂面にアンカー効果で固定するという原理を使います。酸やアルカリなどの薬液の腐食作用によって樹脂表面を粗化するエッチングという処理後、電気を通す銅やニッケルなどの被膜を化学的に析出する無電解めっきを行います。エッチングによって、樹脂中のブタジエン部を除去してアンカー部を作るのですが、材料はブタジエンを含んだＡＢＳ樹脂やＰＣ・ＡＢＳ樹脂などに限られています。その後、被膜を電極として、クロムなどの金属をその表面に電解めっきして付着させるのです。

これに対して、アルミニウムや銀などの金属を真空中で蒸発させ、それを製品面に形成する真空蒸着という方法もあります。いずれも見た目は金属のように見えますね。

要点BOX
- ●高度の磨きには職人技が必要となり高価になる
- ●めっきは金属皮膜。アンカー効果で固定する
- ●蒸発させた金属を表面に形成する真空蒸着

プラスチックのめっき原理

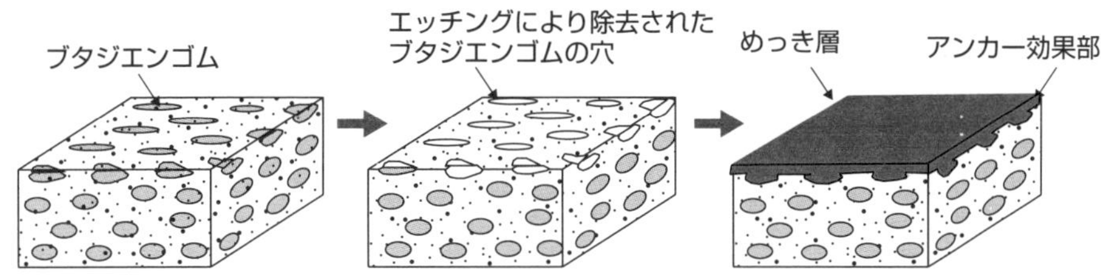

磨きの難しさ

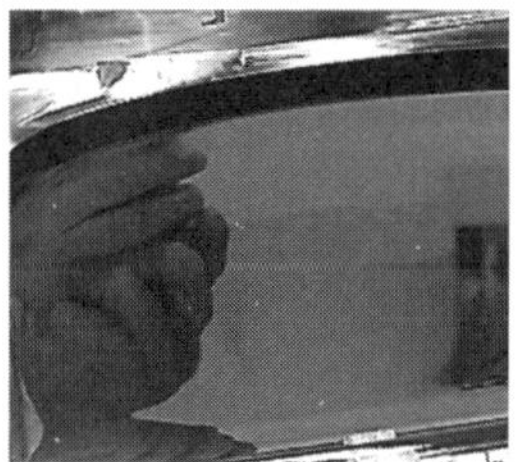

鏡面磨きの面に映った手
磨き不良は歪んで映る

真空蒸着の原理

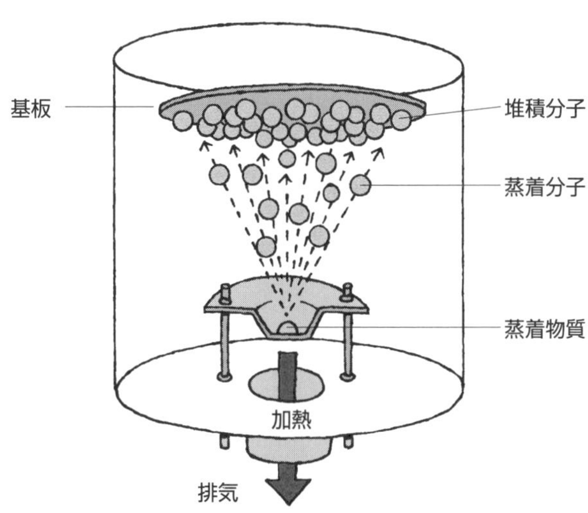

58 光沢を抑えるシボ

外観不良を見えにくくする

前項では、表面光沢での高級感や金属的な質感を出す加飾例を紹介しましたが、製品面の傷や汚れや指紋、ちょっとしたひけなどが目立ちやすいという欠点もあります。また、金型の加工自体も、鏡面加工に高度な職人の研磨技術を必要とする説明もしましたが、金型面に傷が付いたり、錆びたりすると、修正自体も非常に困難であるため、細心の取り扱いが必要です。

表面の光沢度を上げるのとは逆に、光沢を抑え気味にすることで渋い高級感を出すシボという加飾方法もあります。「シボ」は日本語です。英語ではTextureあるいはGrainといいます。これは、細かな凹凸で質感を出すために金型の表面を加工したもので、この模様を製品側に転写します。簡単なものでは、梨地(梨の表面のようなつぶつぶ模様)があります。梨地には通常、サンドブラストという方法が使われますが、これは金型表面に研磨材を吹き付けて表面を梨地状に削り取るものです。砂(sand)を噴射(blast)していたことを由来とする言葉ですが、現在では、研磨材として金属やセラミック、クルミなどが使われます。

また、表面に動物の皮や木目、幾何学形状などの模様を付けることによって高級感を付与する方法もあります。この加工には、レーザー加工や機械加工が使われることもありますが、模様を付けたフイルムを貼った金属面を、めっきのところでも説明した腐食剤によってエッチングする方法が主として使われます。複雑な模様では、フイルムを交換しながら、エッチングを何回か繰り返すことで加工します。梨地もエッチングで行われるケースもあります。その他に、ヘアーライン(Hair Line)という細かな平行な擦り傷状の(髪の毛のような)線模様があります。細かな研磨によって加工され、シボのグループに入れられます。

要点BOX
- ●金型の表面を加工し、模様を製品に転写する
- ●梨地にはサンドブラスト
- ●高級感を付与するエッチングシボ

エッチングシボの工程

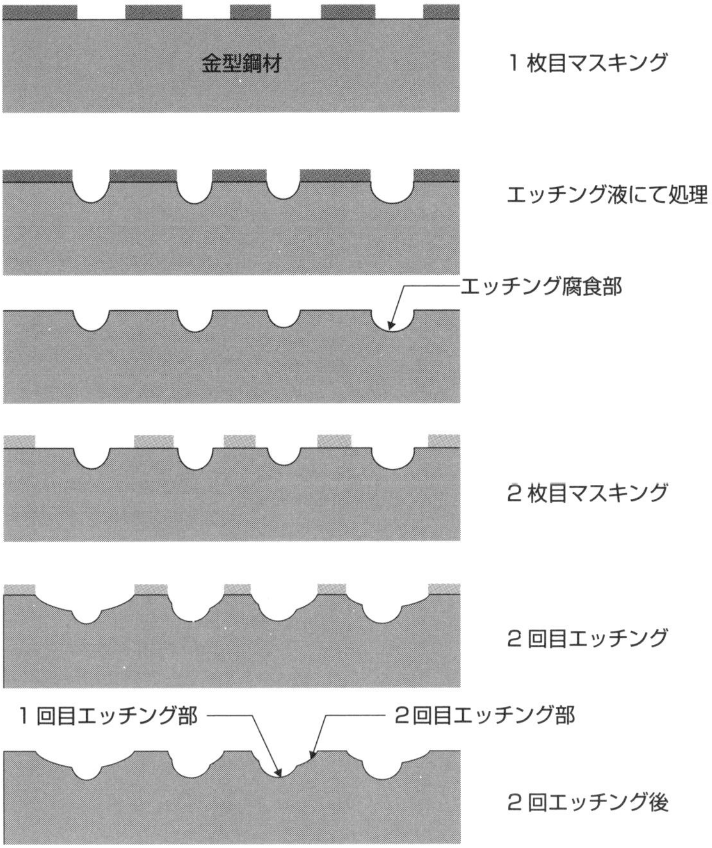

金型鋼材

1 枚目マスキング

エッチング液にて処理

エッチング腐食部

2 枚目マスキング

2 回目エッチング

1 回目エッチング部

2回目エッチング部

2 回エッチング後

いろいろなシボの例

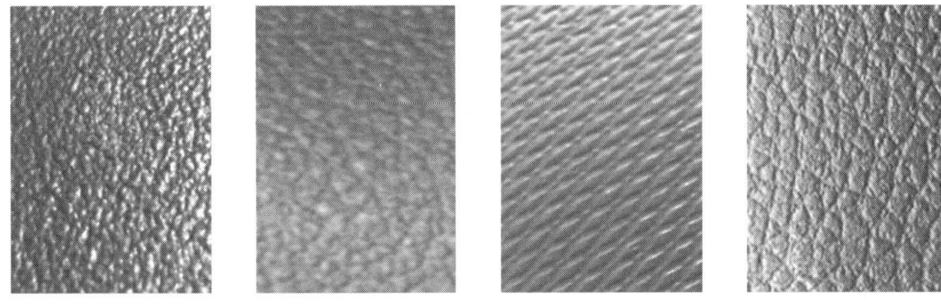

59 印刷と転写

立体的な表面にイラストを描く

　製品の表面に文字やイラストを印刷することで機能性を高められます。印刷にもいろいろな方法があります。
　製品表面は3次元面が多いので、紙やはがきに印刷するように簡単にはいきません。3次元的な面に硬いものを押し付けたのでは、隙間が空いてしまうので、印刷にむらが生じてしまいます。そのため、柔らかな対象物に一旦、印刷模様のインクを移したのち、そのインクを製品表面に押し付ける方法が採用されます。これはオフセット印刷と呼ばれます。この柔らかな対象物としては、シリコンゴムなどで作られたパッドが使われるパッド印刷がよく知られています。また、印刷シートから絵柄だけを水面に浮かべてシートを取り去り、その上から製品を水面に押し付けて絵柄を製品に転写したのち引き上げて乾燥する水圧転写という方法もあります。
　これとは別に、フイルムに印刷された絵柄（接着剤付き）をアイロンのような熱源を使って製品面に押し付け、絵柄を熱で転写する熱転写という方法もあります。Tシャツの絵柄デザインの転写方法と同じ原理です。ただし、射出成形品では3次元面がほとんどのため、アイロンに相当する熱源面を、実際の製品面にぴったりと合うような形状にする必要があります。実際の成形品は変形もあるので、この熱源をCADデータを使って作るのではなく、実際の製品（現物）を反転したものを作り、その形状に合わせています。転写の品質管理上、安定した形状で成形品が生産されることは重要です。
　その他の方法としては、レーザーで表面を焼いて文字や図を描くことや、塗装された製品面にレーザーを照射することで塗装面を削り取って2色にするなどの方法もあります。

要点BOX
- ●立体形状に直接的な印刷は難しい
- ●対象物のインクを押し付けるオフセット印刷
- ●水面に浮かせた塗料を転写させる水圧転写

パッド印刷

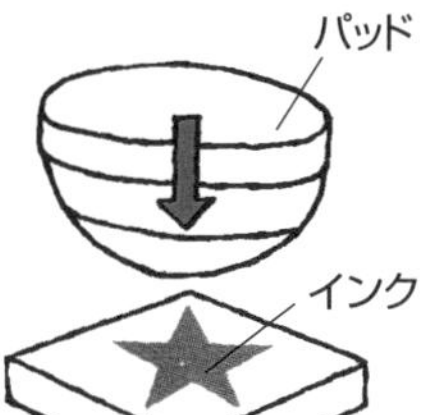

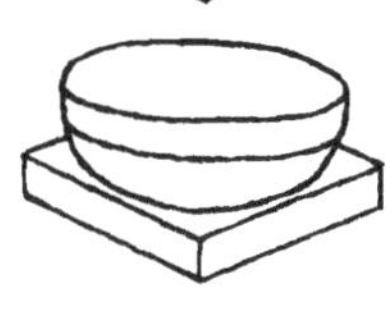

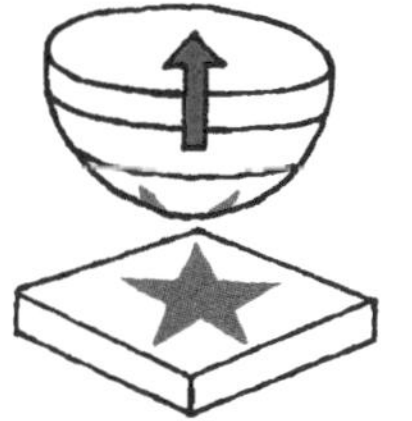

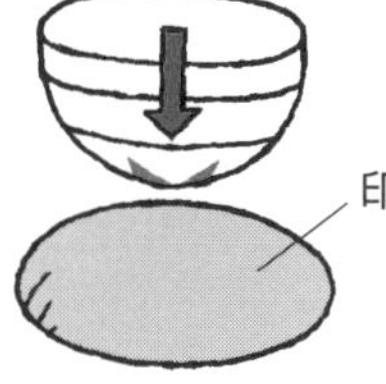

転写

転写完了

熱転写

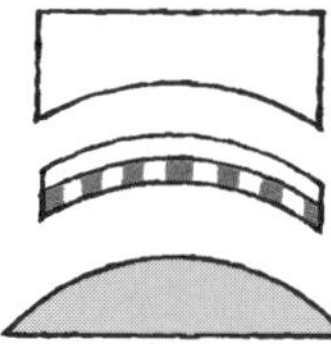

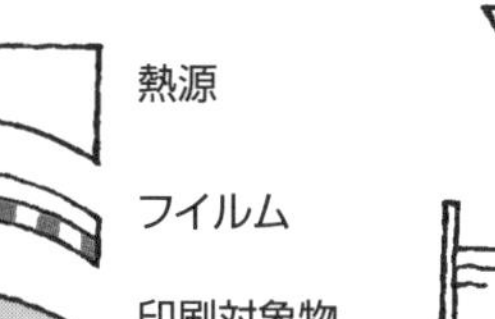

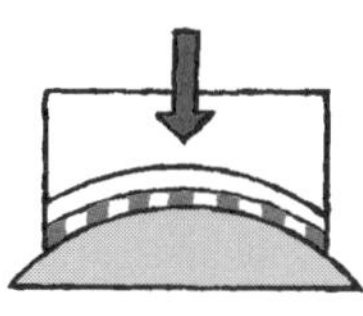

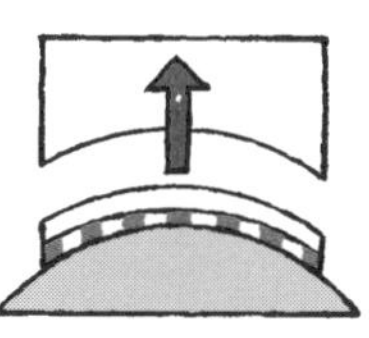

転写完了

水圧転写

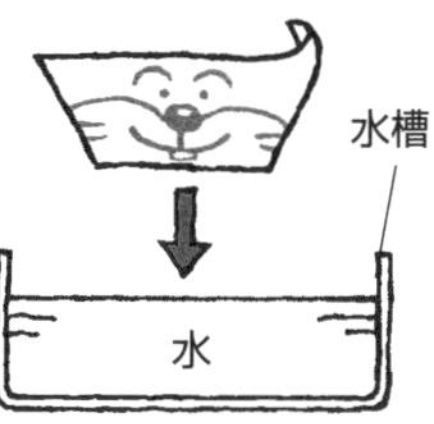

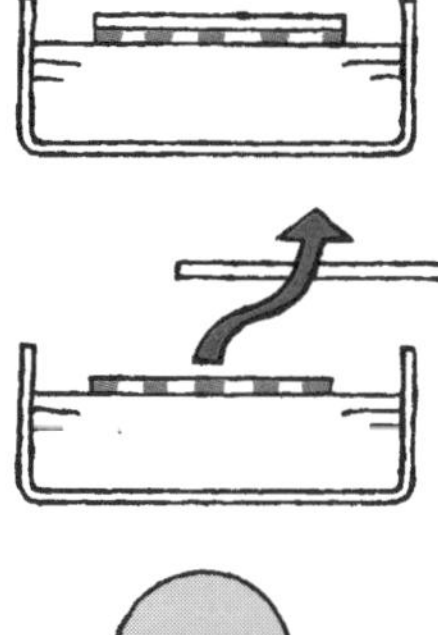

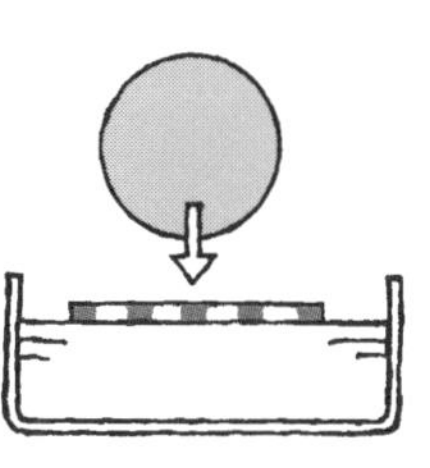

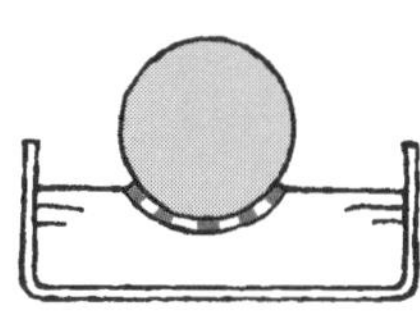

転写完了

Column

加飾からライフサイクルまで考えた製品設計

射出成形で作られた製品は、人の目に触れない部分であれば見た目をさほど気にすることはありません。ただ、視界に入る部位（意匠面）には何らかの配慮がなされることが通常です。

製品のひけやウエルドラインなどの深さや程度が同じであっても、光沢や色などによって、見え方に大きく影響します。そのような製品表面に現れる成形不良を積極的に隠すために、塗装やシボなどの方法が使われます。塗装や印刷、シボまで行わないケースでも、磨き状態や光沢の程度、製品色などでも表面状態の見栄えは変わってくるので、設計面からは光沢度（グロス）や表面粗さ、あるいは、金型の磨きの程度の指示も大切なポイントになります。

また、表面粗さのミクロ的な形状によっても、仕上げ方法に影響を与えることもあります。加飾とまではいかなくても、一種の薄化粧的なところでしょうか。

塗装過程での溶剤の使用・処理などの環境問題への配慮だけでなく、製品がその寿命を終えた後のリサイクル利用にも課題があります。塗装、めっき、印刷も対象物への密着性が課題でしたが、この密着した塗料を分離できなければ、マテリアルリサイクルとしては、濃い色を混合しても使えるような製品に限定されることになります。塗装された樹脂部品としての典型例である自動車のバンパーは、PETボトルのBottle to Bottle同様、Bumper to Bumperへのリサイクルの取り組みもなされています。

環境問題は3Rの廃棄処理問題だけでなく、2022年4月からの「プラスチック資源循環促進法（プラスチック新法）」では、Renewableの観点から設計面での環境配慮も求められるようになりました。カーボンニュートラルが課題となっている昨今、プラスチック製品が作られて（生まれて）リサイクル処理され（生まれ変わって）、最終的に燃やされるか埋められるか（死に至る）までを考え、さらに、それらに使用されるエネルギーも含めた、トータルでのLCA(Life Cycle Assessment)も考慮しなければならない時代となっていかざるを得ないかと思います。

第8章 射出成形のいろいろ

60 熱可塑性以外の射出成形

熱硬化性樹脂や金属材料

ここまでは熱可塑性樹脂の成形としての射出成形について説明してきましたが、この他の材料にも射出成形は使われています。

熱硬化性樹脂のトランスファー成形のかわりに、スクリューを用いれば射出成形にすることも可能であることは想像できると思います。ただし、スクリュー・シリンダーは、油などの媒体で100℃程度の低い温度にしておきます。それをヒーターなどで200℃以上に加熱した金型に射出して化学反応を促進（架橋）させることで、熱硬化性樹脂の射出成形を行うのです。

材料が粘土状のため、自由落下では落ちてくれません。そのため、ホッパーからシリンダーに押込む方法として、別のスクリューやピストンなどを使います。計量用のスクリューは熱可塑性用と似てはいますが、粘土状のものを輸送することが目的なので、圧縮比が小さいものです。また、滞留による硬化を防ぐために、スクリュー先端に逆流防止弁は付いていません。

ゴムも熱硬化性樹脂の一種で、加工前のベルト状の材料をシリンダーに送り込むことで、熱硬化性樹脂同様の成形を行う方法もあります。ゴムの中にはシリコーンゴムがありますが、この材料は通常のゴムとは違い、液状の2材料を化学反応させて成形を行います。反応成形（Reaction Injection Molding）同様、2液が反応することは同じで、2液を混合して金型内に射出します。シリコーン成形の場合にはLIM（Liquid Injection Molding）成形と呼ばれます。

マグネシウム合金の射出成形もあります。金属成形だけに、シリンダー温度は550～600℃、金型は200～300℃と非常に高温です。材料が反溶融状態でチキソトロピー挙動となることを利用したものです。

要点BOX
- ●可塑化射出側の変更でいろいろな材料にも対応
- ●材料に合わせた供給方法
- ●金属Mgの射出成形もある

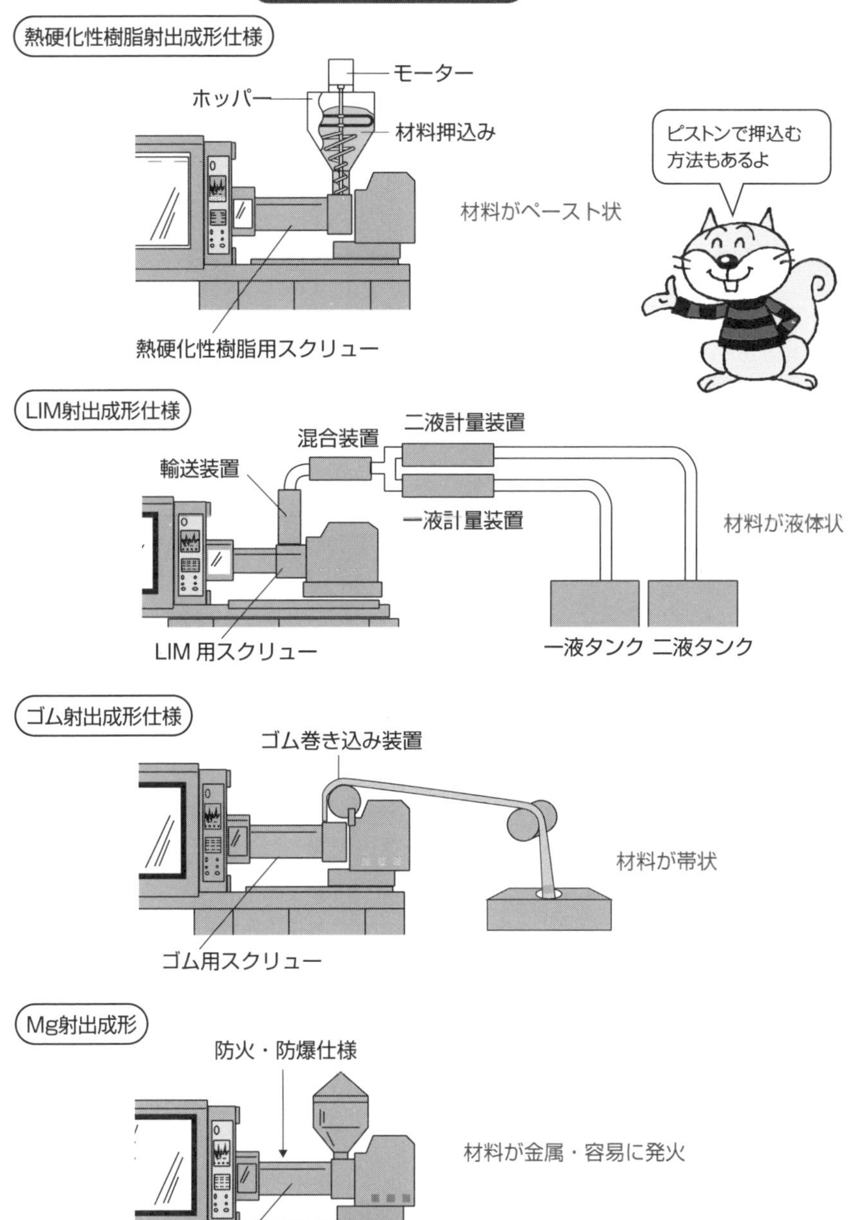
材料ごとの射出成形
熱硬化性樹脂射出成形仕様
モーター
ホッパー
材料押込み
ピストンで押込む
方法もあるよ
材料がペースト状
熱硬化性樹脂用スクリュー
LIM射出成形仕様
二液計量装置
混合装置
輸送装置
一液計量装置
材料が液体状
LIM 用スクリュー
一液タンク
二液タンク
ゴム射出成形仕様
ゴム巻き込み装置
材料が帯状
ゴム用スクリュー
Mg射出成形
防火・防爆仕様
材料が金属・容易に発火
Mg 用耐高温スクリュー

61 低圧射出成形

低圧によるメリットは多い

通常、射出成形の成形圧力が高いことは説明しましたが、成形圧力を低くできれば、いろいろな応用が可能になります。

その例としては、製品の表面に表皮が付いたような成形を行う場合、表皮を金型に入れ込んだ後、射出成形で樹脂を注入して一体化成形すれば工程が簡単になります。しかし、普通に射出成形を行うと、表皮がその圧力によってずれたり潰れたりします。そのため、なるべく低圧で樹脂を流すために、金型を少し開いた（肉厚が厚い）状態で樹脂を射出し、その後、金型を押しつぶすように圧縮して樹脂を金型内に押し広げていく方法がありま す。射出成形と圧縮成形を組み合わせた射出圧縮成形という方法です。

また、射出の流動長が長い場合や、肉厚部があってひけが発生する場合にも高い圧力が必要です。200気圧程度の気体（窒素などのガス）を溶けた樹脂の内部や外部に流すことで流路の圧力損失を小さくしてガスで樹脂を圧縮したり、肉厚部だけにガスを押込んでひけを対処する、いわゆるガスインジェクション成形も低圧成形です。ガスの代わりに水を使う方法もあります。

気体を吹き込むところはブロー成形に似ていますが、ブロー成形は肉の薄い樹脂の内部の空洞部に気体を入れるので、気体の圧力は10気圧以下と低いのです。ガスインジェクションは、この圧力で溶融樹脂を流すためにやはりブロー成形と比較すると相当高い圧力になります。

多点のバルブゲート式ホットランナーを使って、流れを順次に流す方式（シーケンシャルバルブゲート）も低圧成形の1つともいえます。これを使った圧力波形例を31項に示しました。流動途中で新しいゲートが開くと、射出側の圧力が低下するのです。

要点BOX

- ●射出成形＋圧縮成形＝射出圧縮成形
- ●ひけ対策にはガスインジェクション成形もある。ブロー成形と似ているが、高い圧力が必要

射出圧縮成形

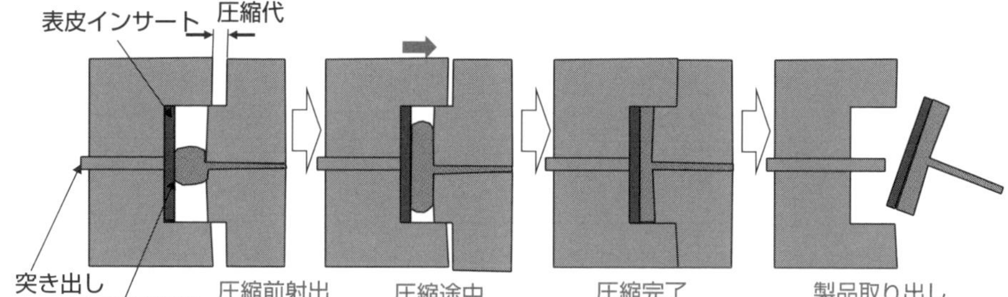

シーケンシャルバルブゲート

1点ゲート

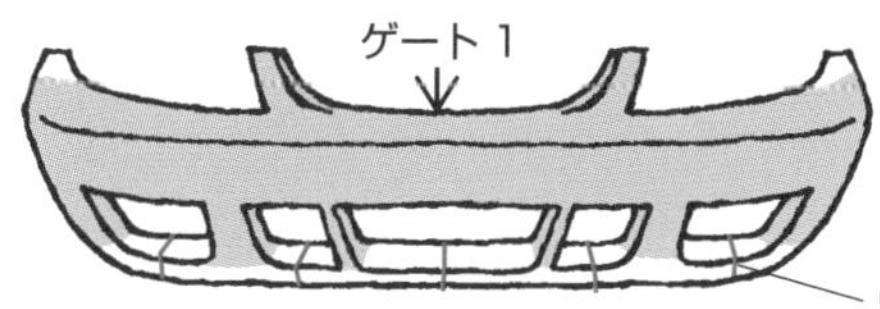

ウエルドラインは見えるところには発生しないが、高い射出圧力が必要

3点ゲート同時射出

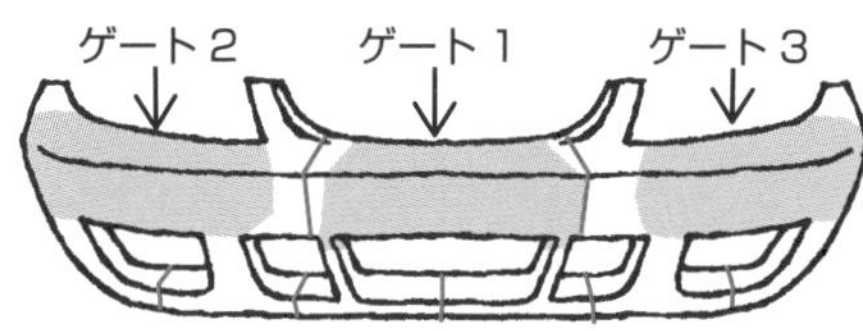

射出圧力は下がるが、ウエルドラインが見えるところに発生

シーケンシャルバルブゲート射出

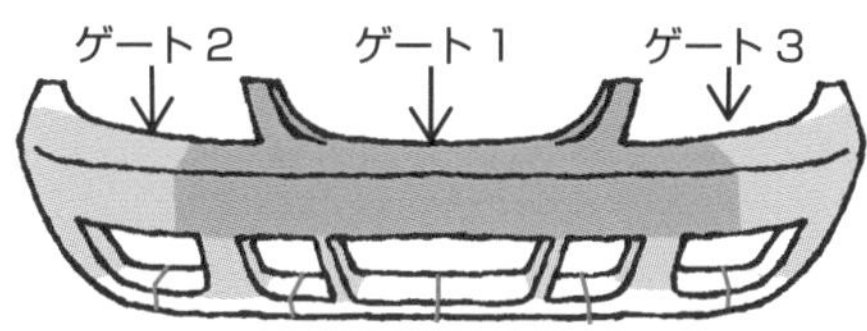

ゲート１からの溶融樹脂が、ゲート2、3に到達後ゲートを開く。射出圧力は低く、見える位置のウエルドラインも消失

62 多材質射出成形

色も材料もミックス

射出側に、例えば2本の射出シリンダーを使って、2色の材料で同時に金型に射出すると、色が複雑に混じった成形品を作ることができます。シリンダーが1本でなく複数なので多色射出成形と呼ばれます。また、色だけでなく材料自体も変えることができるので、多材質射出成形とも呼ばれています。透明材でも屈折率の異なる材料の組み合わせによっては、マーブル模様になります。

また、ノズル部に細工をして、材料の粘度関係を考慮しながら、1つ目の材料をある程度流してから次の材料を内側に流すと、製品の内部と外部が材料の違うサンドイッチのような製品を作ることもできます。外部にバージン材、内部にリサイクル材を使えば、外部はきれいな面が確保できるマテリアルリサイクルとしても使うこともできる成形方法です。

その他の成形例を紹介しましょう。金型を2つ用意します。1つ目の金型は1色目の樹脂で成形し、その製品を可動側にそのまま残します。次の金型に移行し、2色目の材料で被せるように成形するのです。この方法では、文字や数字が書かれたキーボードのような製品を作ることができます。

金型構造に工夫を凝らせば、いろいろな形状の一体成形もできます。例えば、自動車のエアコンの吹出し口のルーバーを一体に組み立てるような組み立て成形も可能です。

この成形機の構造としては、同じ側に平行に2本の射出装置を備えて、可動側の金型を取り付けた盤を回転させる方法や、射出装置は対向させて反対側に設置し、それらの中央部に可動側金型を取り付けて、中央部を回転することで金型を移行するような対向方法もあります。

要点BOX
- ●多材質射出成形でマーブル模様に
- ●材料を変えることも可
- ●2つの金型で組み立て成形もできる

二材質サンドイッチ成形

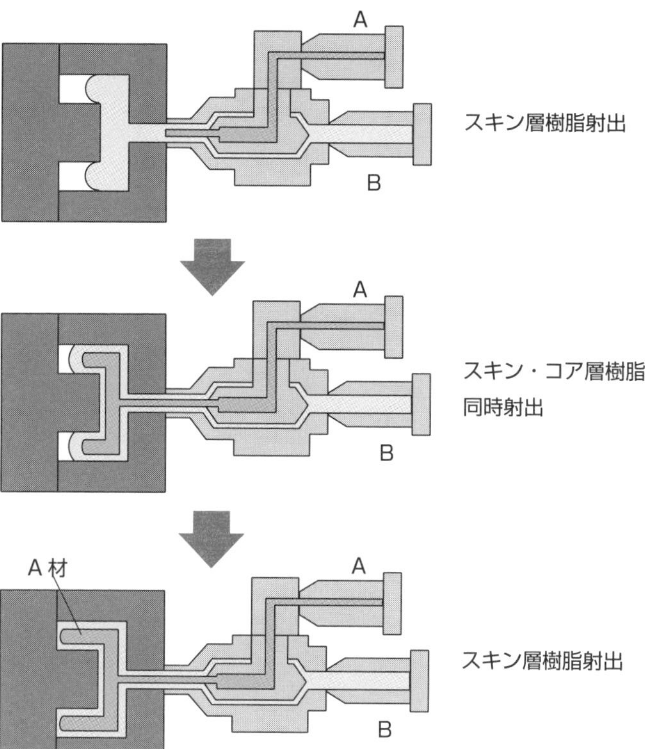

平行型二色成形機

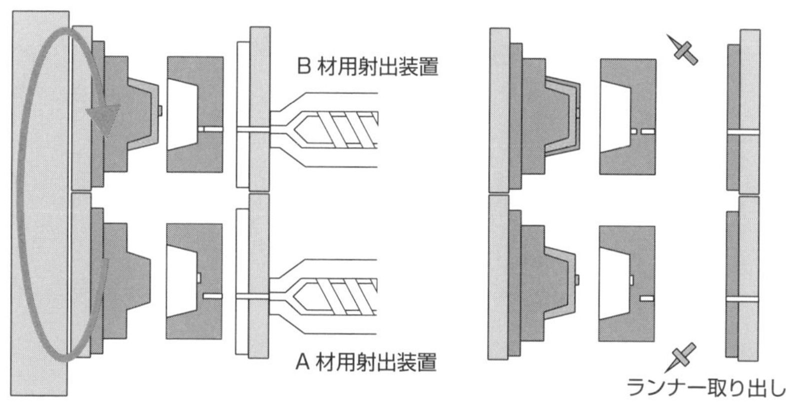

射出装置並列、可動側回転式

63 縦型射出成形機

縦型のメリットとは？

ここまで解説してきた射出成形機は横向きのものでしたが、本項では射出装置も型締め装置も縦型となっている機械を紹介します。

縦型となっていることで、横型射出成形機の可動側に当たる部分が地面に対して固定される構造になります。すなわち、横型成形機の固定側と射出装置全体が上下するのです。縦型となっていることで、機械の背丈は高くなりますが、設置面積は小さくできる長所があります。また、可動側が地面に対して固定された構造のため、金型に金属部品（インサート部品）などを挿入するような成形の場合、振動などで落下したりすることもなく、重力方向に挿入しやすいなど、便利な構造といえます。

例えば、幅を持った連続した薄い金属フープ材を金型に挿入して挟みながら、その上に樹脂を射出成形し、それを反対側で巻き取っていくような成形も配置しやすくなるのです。金属フープ材だけでなく、布でのファスナー成形も同様です。

他にも、ねじまわし（スクリュー・ドライバー）などを成形する場合、ねじを回す金属部分を金型に入れ（インサートという）ねじ部と反対部分に樹脂の柄を成形するなどの場合、インサートする側の金型を下側とすれば、インサート部品が落下しないで成形することができます。この時、下型をスライドして機械の外側に移動させ製品を取り出したり、インサートしたあと、金型を機械に戻せると、取り出し、金属部インサートも楽になります。さらに、下型を例えば4面として、ロータリーテーブル上に置きます。型開閉ごとにこのテーブルを回転させて、射出ゾーン、製品取り出しゾーン、清掃ゾーン、インサートゾーンとすれば、取り出し、インサート時に機械を停止することなく連続して成形を行うこともできるようになります。

要点BOX

- ●ファスナー連続成形も容易
- ●重力をうまく使えばインサートが便利になる
- ●ロータリーテーブルを使えば連続成形も容易

フープ成形

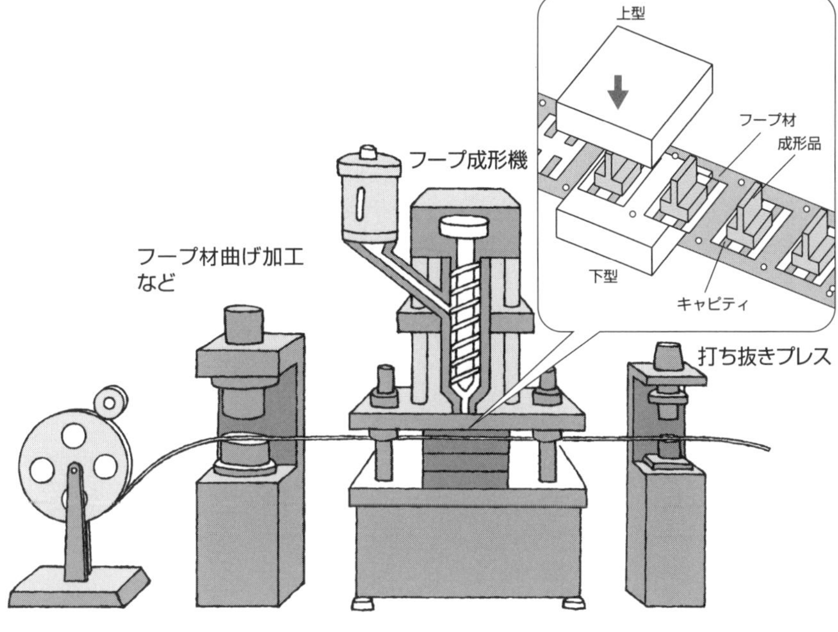

ロータリー式

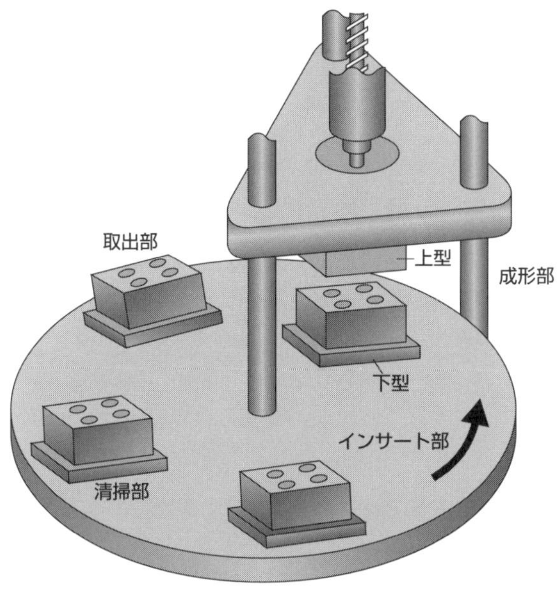

64 急速加熱冷却成形

ウエルドラインを消す

熱可塑性の射出成形は、溶かした樹脂の温度と比較して、金型の温度は相当低く設定されていきます。そのため、溶融樹脂が金型を流動していく時に、表皮部分（スキン層）が固化し、樹脂がある角度以下（大体120度程度）で合流する部分ではウエルドラインという線状の傷のようなものが発生します。これは目に見える意匠面などでは見た目が悪いので、消すことが望まれます。

例えば、薄型テレビのスクリーンの外枠などは、長方形の細長い外枠なので、どうしても溶融樹脂がぶつかってウエルドラインが発生します。また、家電製品だけでなく、車の部品にもピアノブラックという深い艶のある黒色が好まれるので、特にウエルドラインが目立ちやすくなります。

このウエルドラインを消すために、樹脂の流動時には金型温度を高くして、後から温度を下げるような成形が考えられ、昔からいろいろな挑戦がなされてきました。金型面にセラミックやテフロンで断熱層を作る方法、型閉じ前にハロゲンランプを照射して金型表面だけを急加熱する方法などです。加熱温度は、非晶性樹脂の熱変形温度以上として、そのあとに溶融樹脂を流し、急速冷却するのです。現在では、急速加熱の方法として、高圧の水蒸気、ヒーター加熱、誘導加熱などが実用化されてきました。水蒸気を利用するケースでは、国によって高圧ガスの規制が異なり、そのため各国で使える装置の大きさにも関係してきます。

家電製品の意匠面にはＡＢＳ系樹脂が使われることも多いのですが、ＡＢＳにはブタジエンゴムが含まれており、これが流動中に延ばされて配向し、この配向がウエルドライン部に現れ、ウエルドラインの線は消えても、よく見るとブタジエンの配向が見えるのです。これについては、材料面での改良が考慮されたものもあります。

要点BOX
- ●樹脂の合流箇所で発生するウエルドラインへの飽くなき戦い
- ●水蒸気やヒーターなどの急速加熱技術が進展

急加熱急冷却成形

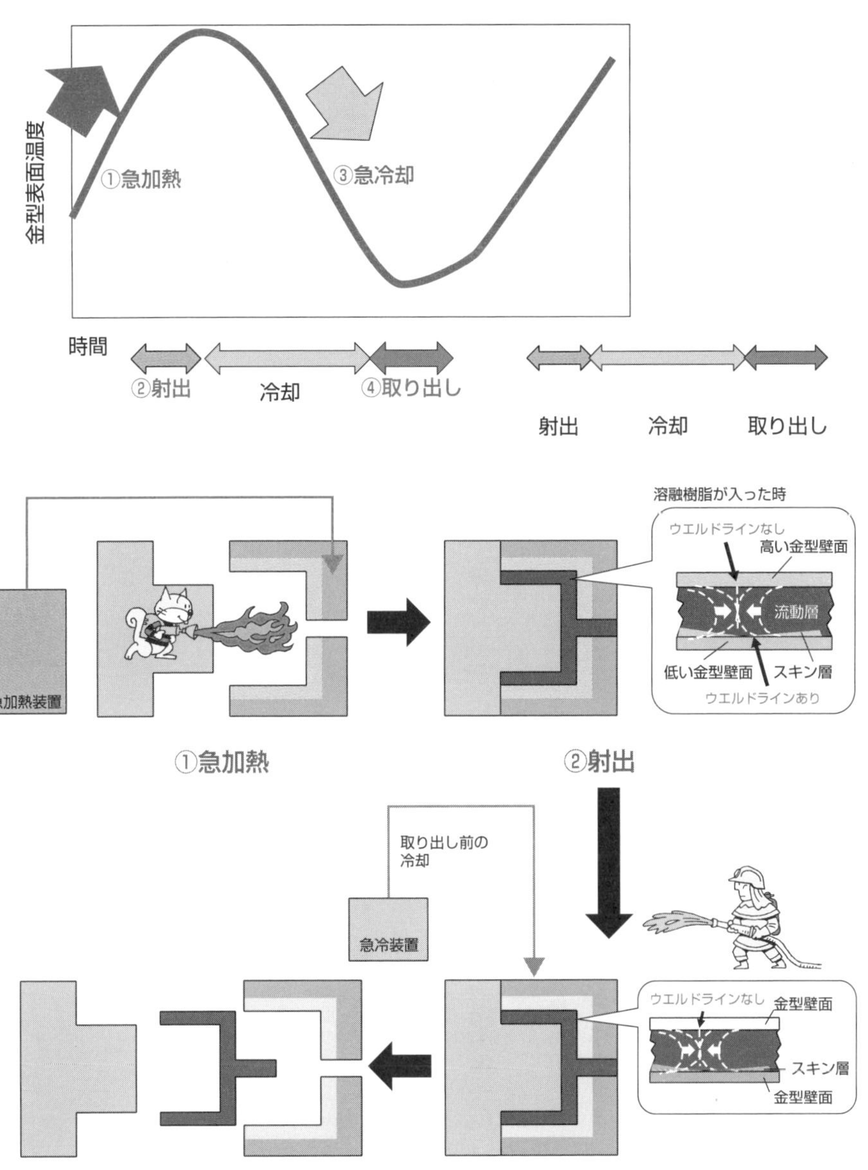

金型表面温度
①急加熱
③急冷却
時間
②射出
冷却
④取り出し
射出
冷却
取り出し
溶融樹脂が入った時
ウエルドラインなし
高い金型壁面
流動層
低い金型壁面
スキン層
ウエルドラインあり
急加熱装置
①急加熱
②射出
取り出し前の
冷却
急冷装置
ウエルドラインなし
金型壁面
スキン層
金型壁面
④取り出し
③急冷却

65 中空品射出成形

ユニークなアイデアの数々

ここで紹介するのは、中空品成形の例です。射出成形では、ブロー成形で作られるボトルのような製品は難しいですね。

ゴルフボールはどうか考えてみましょう。ゴルフボールには芯があります。この芯を金型にインサートして、金型の中ではピンで支えた状態で保持します。その周囲に樹脂を射出して芯を支えていたピンを抜くと、ゴルフボールが成形できます。この芯をまわりの樹脂よりも低い温度で溶ける金属とし、この金属が溶ける温度の湯舟につけて開けた穴から溶かした金属を取り出せば中空の製品を作ることができます。溶けるコア（芯）という意味で、fusible coreと呼ばれる成形方法です。

これとは別に、曲がりくねったパイプを成形相対する製品の例を考えてみます。まず、肉厚の棒状製品を射出すると、金型に接した面から固化していくので、射出後の短い時間では内部はまだ溶けたままの状態です。ここに窒素などの高圧ガスを注入するとガスインジェクションとなり、内部の溶融部は押出されてパイプ状の空洞となることは想像できますね。押出される溶融部の内壁面は平滑な状態ではないことも想像できると思います。パイプとして使用するには平滑な内面が必要です。そこで、先端にボールを入れて、ガスでボールを押すことで内部の溶融樹脂を押出す方法もあるのです。面白いですね。

この他、2つのコップあるいは皿状のものを合わせて内部に空洞を作ったものを金型にインサートして、その周囲を溶融樹脂で射出溶着すれば中空製品を作ることができます。金型をスライドすることで、そのコップを合わせ、その周囲を射出して溶着する一連の動作とした中空品成形方法もあります。自動車部品や医療部品などいろいろな製品に応用されています。

要点BOX

- ●溶ける金属を使って芯を取り出す方法
- ●ボールで内部の溶融樹脂を押出す方法
- ●空洞を作ってから樹脂で溶着する方法

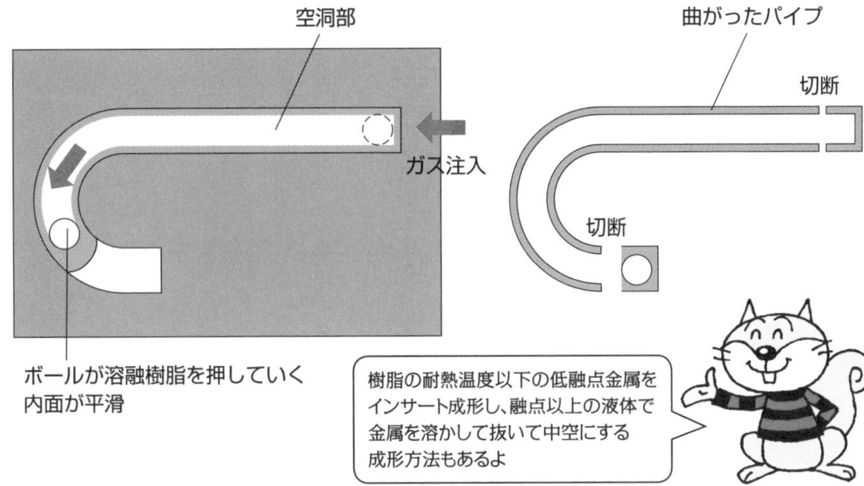
ボールを使ったガスアシスト中空成形
空洞部
ガス注入
ボールが溶融樹脂を押していく
内面が平滑
曲がったパイプ
切断
切断
樹脂の耐熱温度以下の低融点金属をインサート成形し、融点以上の液体で金属を溶かして抜いて中空にする成形方法もあるよ

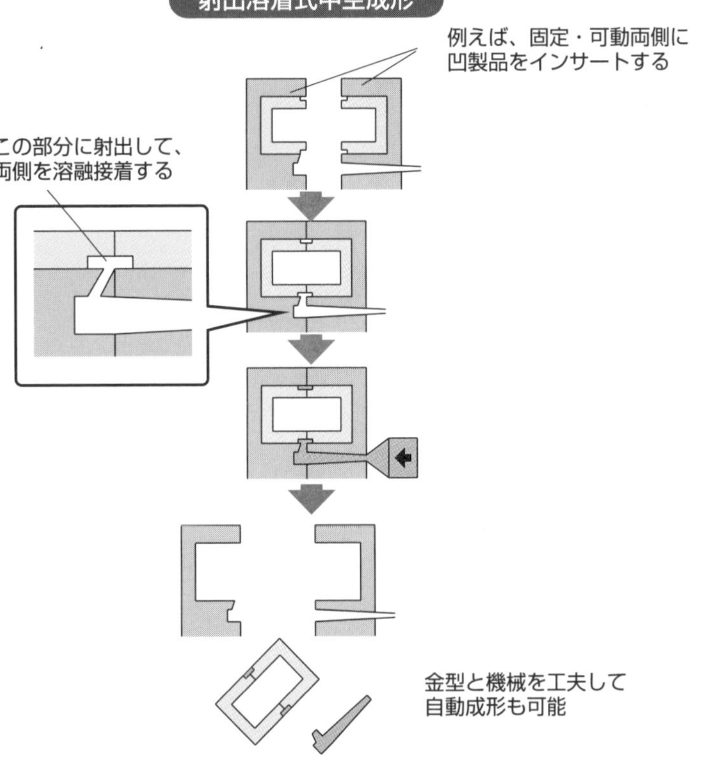
射出溶着式中空成形
例えば、固定・可動両側に凹製品をインサートする
この部分に射出して、両側を溶融接着する
金型と機械を工夫して自動成形も可能

66 その他の射出成形

まだまだある成形方法

最後に、その他の射出成形を応用したその他いろいろな成形方法を紹介します。まず、射出成形品の加飾として印刷がありましたが、これを金型内でやってしまおうという発想も自然と出てくるかと思います。この方法としては、フイルムに印刷した部分をフイルムから射出時の樹脂に転写する方法で型内加飾（ＩＭＤ：In-Mold Decoration）と呼ばれます。フイルムに印刷された部分を毎ショット転写する方法と、印刷されたフイルムを前もって3次元形状に成形したものを金型にインサートして樹脂と一体化する方法があります。

高密度ポリエチレン（ＨＤＰＥ）の分子量が100万を超えるような超高分子量ＨＤＰＥ（Ultra High Molecule Weight HDPE）は摩擦係数も小さく耐摩耗性に非常に優れる材料なのですが、臨界せん断速度が小さいために、射出すると霧吹きで吹いたような状態になり、通常の射出成形のような流動とはなりません。そこで、その霧状のまま溶けた霧状材料を金型に射出し、それを圧縮して溶けた粉状表面を接着する成形方法が使われることがあります。霧吹き状態で射出される樹脂があるとは面白いですね。

次は、セラミック製品や金属焼結製品です。セラミック材料や金属紛とバインダーとを混ぜ合わせた材料を金型に射出成形して、製品の形とした後、それを高温で焼結してセラミック製品や金属焼結製品とする成形方法です。スクリューシリンダーや金型は、耐摩耗性を備えたものが必要です。

もう1つ面白い成形に、プラスチック磁石の射出成形があります。これはプラスチックに強力な磁紛を混ぜた材料を使って、金型に磁性鋼と非磁性鋼で磁気回路を構成してコイルで発生した磁界の中に射出すると、磁粉が磁界方向に配向し、後ほど強力な磁石になるのです。

要点BOX
- 金型内での印刷もできる
- 霧吹き状態の樹脂の射出を圧縮で成形
- 磁粉を磁界配向させ強力なプラ磁石成形

プラスチック磁石射出成形

コイル
磁粉入材料
N←S
タイバー
可動盤
金型
固定盤
磁界
磁石状態
磁界によって、磁粉微粒子が配向。
強力な磁石となる
グレー部：強磁性体
白色部：非磁性体

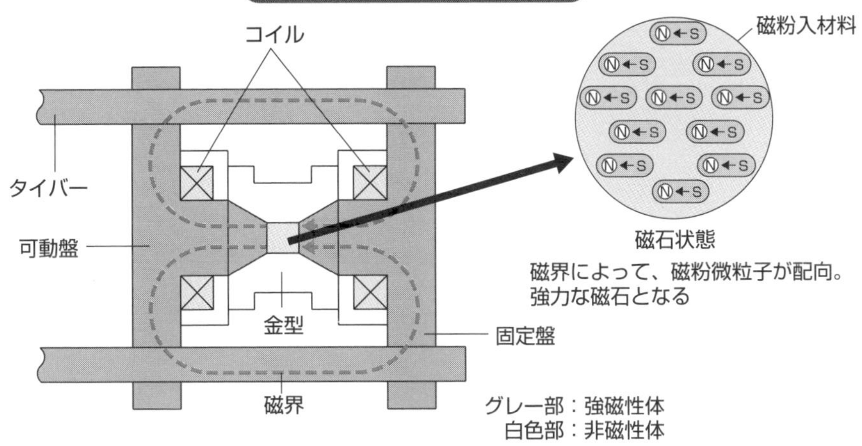

超高分子量PE射出成形

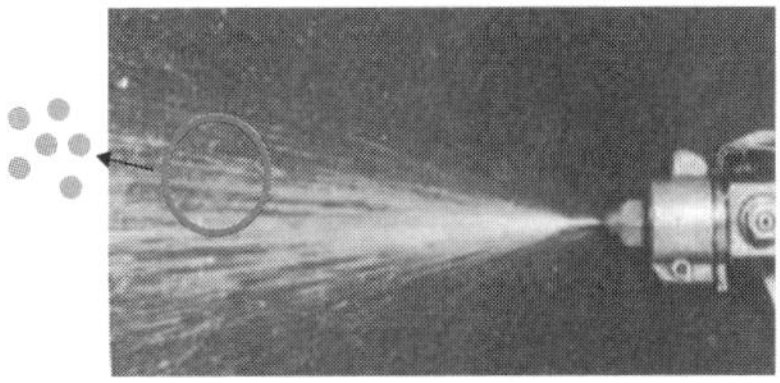

ノズルから射出される霧状の溶融
UHMW-PE

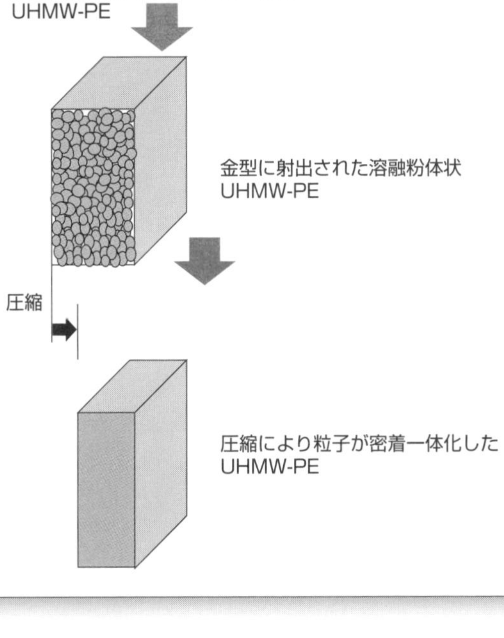

金型に射出された溶融粉体状
UHMW-PE
圧縮
圧縮により粒子が密着一体化した
UHMW-PE

材料は霧状でも
溶けているから
圧縮するとくっついて
一体化するんだね

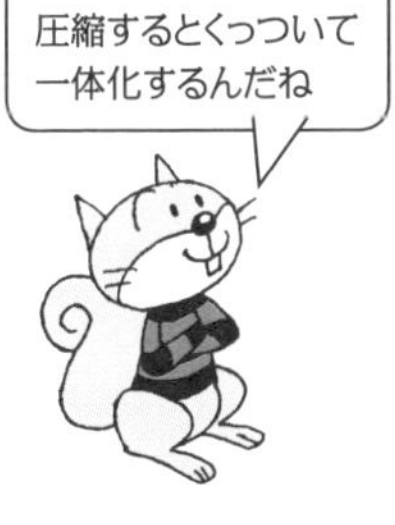

Column

射出成形は想像性を形にする

射出成形は、基本的には原始的な工程から成り立っているので、初めて見た人でもその原理や工程は直感的にわかりやすいのではないでしょうか。

射出成形では、製品の形状的な問題から作ることができないもの、あるいは作る方法は工夫すればできないことはないにせよ射出成形よりも他の作り方の方がずっと便利なもの（例えばフイルムとかボトルとか長いパイプなど）もありますが、製品を取り出すことができる金型が作れるものであれば、多種多様な形状のものを効率的に作ることができることを理解できたかと思います。これらが射出成形がプラスチック成形の中でも最も多く使われている理由です。

それに加えて、機構をいろいろと工夫したり、組み合わせたりすることで、射出成形の延長上で新たな製品を作ることができる装置や機械の例をいくつか紹介しました。これらに関しては、基本的な原理ややり方の説明を簡単にしているので、わかってみるとそれほど難しいものではないと思います。むしろ、コロンブスの卵のようなものと感じるかもしれません。しかし、射出成形に限らず、このようなアイデアを実際に現実のものとして成功させるには、いろいろと試行錯誤を繰り返しながら、ひとつひとつ問題を解決していくことで、最終的に実用化が実現しているものなのです。

今後は、ＡＩ（人工知能）とＤＸ（デジタルトランスフォーメーション）、ＩｏＴ（Internet of Things）の時代といわれていますが、このような新しい成形法のアイデアをＡＩ自身で考え出し、さらにＡＩが実現化まで開発し続けることができるかというと、それは難しいでしょう。

成形不良対策程度であれば、ＡＩが進歩すればできるようになるかもしれません。ただ、射出製品のカメラ分析による寸法、表面状態などの不良判定、機械からの成形条件情報、材料情報、金型データなどをデジタル化し、解析できるようにするには、莫大な開発費と費用がかかるはずです。そこまでやっても、実際に採算が合うかどうかという点は別問題かと思います。

今後、射出成形現場にどのようにＡＩやＩｏＴを適用していくか検討するには、やはりある程度の射出成形の基礎知識は必要だと思います。

【参考文献】

・やさしいプラスチック成形品の加飾　中村次雄・大関幸威、三光出版社、１９９８
・印刷の最新常識　尾崎公治・根岸和広、日本実業出版社、２００３
・射出成形加工の不良対策第2版　横田明、日刊工業新聞社、２０１２
・熱成形技術入門　安田陽一、日報出版、２０００
・図解プラスチックがわかる本　杉本賢治、日本実業出版社、２００３
・トコトンやさしいプラスチック成形の本　横田明、日刊工業新聞社、２０１４
・射出成形大全　有方広洋、日刊工業新聞社、２０１６
・現場で解決！射出成形の不良対策　横田明、日刊工業新聞社、２０１９
・新人製品設計者と学ぶプラスチック金型の基礎　伊藤英樹、日刊工業新聞社、２０１１
・思いどおりの樹脂部品設計ここがポイント！　プロトラブス・水野操、日刊工業新聞社、２０１２
・プラスチック成形品設計式例題集　Natti S.Rao・大柳康訳、工業調査会、１９９２
・攻略！「射出成形作業」技能検定試験〈１・２級〉学科・実技試験　横田明、日刊工業新聞社、２０２０
・絵とき「射出成形」基礎のきそ　横田明、日刊工業新聞社、２００７

責任転嫁のできる射出成形不良の原因

射出成形にはいろいろな不良が発生します。開発品であっても量産品であっても、早期に解決しないと、開発遅れや量産ライン停止など大問題となります。そのため、何としてでも対策しなければなりませんが、知識のレベルによって、責任はいろいろなところに転嫁されることも多々あるのです。そのいくつかを紹介しておきましょう。

材料と機械スクリュー問題

スクリューでの可塑化は非常に微妙なバランスで行われています。材料メーカーがペレタイズの方法を変えてペレット形状が変わると、嵩（かさ）密度やペレットとシリンダーの接触面積も変わるので、敏感な機械だと急に可塑化がおかしくなることがあります。しかし、鈍感な機械だと何ら問題のない場合もあるのです。新規開発品では、材料添加剤が変更されることは多々ありますが、この場合にも同様です。

ここでいう「敏感」「鈍感」の意味は、スクリューと材料との相性の問題で、良し悪しという意味ではありません。可塑化がこのように敏感なものであることを知らない方も多いので、これがわかっていないと「成形が再現されていない。成形担当の問題だ」とされることも多々あるのです。

CAEと合わない必要型締め力

新しく作った金型で成形を行うと、CAEでは400トンで可能な製品が、実際には700トン必要なことがありました。原因は、金型の項目で説明した型合わせの不完全さで、これを調整し直すと450トンで問題なく成形できたのです。

多段射出、多段保圧の項目で説明したような、成形条件で対策できる場合もありますが、型合わせが悪いと成形条件の幅が非常に狭くなるのです。このような問題は非常に数多くあるのですが、これに気が付く人が非常に少ないのです。これも、CAEの精度の問題とか、成形の腕の問題とかに責任転嫁されることのある問題の1つです。

同じ製品で異なる対策

そりの対策としてもいろいろあると説明はしましたが、世

界同時販売の新製品のトラブル例を紹介します。同じ形状製品ですが、3か国で金型を制作して、2つの金型ではそりが発生しました。肉厚部が冷えないことが原因です。日程もないので、1つ目の国は、成形条件を固定して、そり分をあらかじめ見込んだ金型修正をしました。ただし、その成形条件を保つための別の苦労が発生します。2つ目の国では、冷却装置のついた大がかりな矯正治具で対策しました。これは、樹脂のところで説明したクリープ特性のために、矯正条件も非常に厳しく管理する必要があります。3つ目の国では、金型の冷却経路をそり部に別回路設置して対処し、そりの発生はありませんでした。最後の対策が有効でなければ、責任問題の行き先は違っていたことでしょう。

機械と成形条件

これも時々目にする問題ですが、型屋でトライして問題のなかったものが、自社工場に移すと成形条件が出せないという問題です。成形条件の腕の問題にされがちですが、機械のスクリュー先端の逆流防止弁の機能の違いが原因のこともあります。射出開始時に逆流防止弁の閉鎖が遅いと、樹脂漏れのため条件が出せないのです。初期射出速度を速くして高圧力で強制閉鎖する方法もありますが、他の成形条件幅が非常に狭くなってしまいます。

材料や金型（流動抵抗）との相性もあるのですが、ある機械メーカーでは、あるサプライヤーの機械の逆流防止弁をすべて交換対策した話もあります。しかし、他の機械メーカーでは、成形条件で押し切られた話も聞きます。

スケープゴートにならないために

これらは、数多くのトラブルのほんの一部に過ぎません。責任問題のスケープゴートにならないためには、いろいろな知識と経験が必要であることを認識してもらい、今後の皆さんの役に立つことを期待しています。

今日からモノ知りシリーズ
トコトンやさしい
射出成形の本

NDC 578.46

2023年 8月31日 初版1刷発行

©著者 横田 明
発行者 井水 治博
発行所 日刊工業新聞社
東京都中央区日本橋小網町14-1
(郵便番号103-8548)
電話 書籍編集部 03(5644)7490
販売・管理部 03(5644)7403
FAX 03(5644)7400
振替口座 00190-2-186076
URL https://pub.nikkan.co.jp/
e-mail info_shuppan@nikkan.tech
印刷・製本 新日本印刷(株)

●DESIGN STAFF
AD———————志岐滋行
表紙イラスト———黒崎 玄
本文イラスト———榊原唯幸
ブック・デザイン ——大山陽子
(志岐デザイン事務所)

●
落丁・乱丁本はお取り替えいたします。
2023 Printed in Japan
ISBN 978-4-526-08288-7 C3034

●定価はカバーに表示してあります

●著者略歴

横田 明(よこた・あきら)

技術士(化学部門、高分子製品)
特級プラスチック成形技能士
大手機械メーカーにて、射出成形機の設計、新成形技術研究開発(上級主任研究員)を行った後、その技術展開のため関連会社射出成形工場に責任者として出向。成形品質および生産性向上に寄与。多くの射出成形一・二級技能士も育成。
その後、外資系自動車メーカー(担当部門はグローバル部品メーカーとしてスピンオフ)に移り、自動車樹脂部品の開発を担当。射出成形部品の成形問題を事前予測して、新規開発に展開する方法を採用することで開発期間の効率化とコストダウンを達成。欧米含むグローバル全社でシニアテクニカルフェロー５人のうちの１人として、アジアをはじめ、欧米、南米などの海外で金型開発、射出成形技術指導を行う。
退職後、現場のわかる技術コンサルタントとして、「技能から技術へ」をモットーに指導中。
6シグマブラックベルトでもある。
ペンネーム、有方広洋(Arikata Koyo)でも出版。

●主な著書

『攻略!「射出成形作業」技能検定試験＜1・2級＞学科・実技試験』『200の図とイラストで学ぶ 現場で解決!射出成形の不良対策』『トコトンやさしいプラスチック成形の本』『射出成形加工の不良対策 第２版』『エクセルを使ったやさしい射出成形解析』『絵とき「射出成形」基礎のきそ』『現場で役立つ射出成形作業の勘どころ』『射出成形加工のツボとコツＱ＆Ａ』『射出成形大全』(いずれも日刊工業新聞社)など